JN173428

戸塚真弓

ワインに染まる

パリから始まる美酒の旅

中央公論新社

ワインに染まる——パリから始まる美酒の旅　目次

ワインに染まる——パリから始まる美酒の旅

ワイン色の海を眺める幸福感

「ワイン色の海」。この言葉は、私を颯と魔法にかけてしまう。この言葉に心を躍らされてからというもの、「ワイン色の海」は私にまとわりつき、はなれない。ほんとうに、そんな色の海があるのなら、眺めてみたい。そこまで行ってみたい。でも、いったい、どこに？　長い間、「ワイン色の海」は幻の海だった。

この言葉は、ヒュー・ジョンソン著の『ワイン物語』（小林章夫訳、平凡社ライブラリー）の目次を眺めていた時に、ひょいと出会った。「第四章　ギリシア――ワイン色の海」だ。一章も、二章も、三章も飛ばして、ギリシャの海岸に沿ったエーゲ海や、イオニア海や、アドリア海を身近に眺めた二十年も昔の旅を思い出しながら、いきなり四章から読み始めた。

その旅は、時代のついたフランスの旅客船メルモーズ号に乗っての地中海巡りであった。ある日、エーゲ海の入り口にあるロードス島に船は一日、錨を下ろした。島巡りや旧ロードス騎士団長の宮殿広場で歌手のバーバラ・ヘンドリックスのコンサートを楽しんだ後、夜は船上で上等のワインを飲みながら夕食に舌鼓を打ち、続いてクラシック・コンサート。コンサートが始まると、船はミコノス島に向かってゆっくりと動き出した。翌日、朝食が運ばれて来た時、船はエーゲ海の真っただ中に入っていた。

きらきらと輝く海面のなんという青さ。海に吸いこまれて身も心も青く染め上げられてしまいそう。怖いほどの青い色。エーゲ海は神秘的な青色を満々とたたえていた。古代に、小さな船で、植民地建設や交易のためにギリシャ人が走り回っていたイオニア海やアドリア海は銀色や青灰色に光り、あくまでも静かだった。メルモーズ号の船旅では、時間はいくらでもあり、ゆったりと流れた。自分の都合だけを考える日々は打ちやられ、海を見ながら、家族や父や母のこと、友人たちのことを、あれほどに優しく思ったときはない。たくさんの町や遺跡や美術館を見たというのに、この旅で思い出すのは、ギリシャの海の青い色であり、人間であることの愉しさに気づかされたことである。

「ワイン色の海」は、海岸線がぎざぎざで数え切れないほどある入り江のひとつに、あるいはエーゲ海に浮かぶレスボスやキオスやタソスなどワインを産する島の陰に、ひっそりと隠れているのかもしれない。そんな望みを持ちつつ、私は読み進めた。けれども、三ページも読むと、「ホメロスの『イーリアス』の全篇にわたって、「ワイン色の海」のイメージが、何度も出てくる」とあり、葡萄の収穫期の場面が数行、引用されていた。

ここまで読んだ時、「なーあんだ、単なるイメージだったのか」と、私はいっぺんにがっかりしてしまった。がっかりした気分が、よほど大きかったにちがいない。この後、ギリシャ人の友人や知人に会う機会があると、私はそれとなく「ワイン色の海」を会話の中に持ち出してみたが、反応を見せる人は誰もいなかった。ちなみに、この四章は古代ギリシャのワインの歴史について書かれている。

ホメロスと言えば、古代ギリシャは紀元前八世紀の伝説的な吟遊詩人であり、長大な叙事詩の『イーリアス』と『オデュッセイア』の作者として世界中に知られている、ということだけを私は知っていた。どちらの叙事詩もトロイア戦争が核になっていて、『イーリアス』はその軍記物語であり、『オデュッセイア』はトロイア戦争から、オデュッセウスが自国にたどりつくまでの冒険旅行記である。

たとえば、トロイア戦争とか、トロイの木馬の話とか、一つ目の巨人の話とか、カリュプソの話とかを断片的に知っていた。なんとなく知っていたのと、長大な叙事詩であることを煙たがって、本を読むのを敬遠してしまったのは残念なことだった。せっかくの機会だったのに。

それからしばらくして、ある年、復活祭の休暇に、南仏のカッシという小さな港町に出かけた。カッシは初めてではない。もう、何度も来ている。マルセイユから車で三十分足らずだし、海の幸の中で私の一番の好物である生海栗(うに)が食べられるからである。その海栗も海から引き揚げたばかりの獲れたてだ。漁師は早朝に注文を受けてから海に潜り、注文の数だけ獲ってくる。それを待っていて、殻を割り、中身を、なにも加えずにそのまま匙(さじ)ですくって口に入れ、顎をゆっくりと動かす。海の生クリームともいえる味が口中に広がり、たとえようもなくおいしい。地元のカッシ産の白ワインを飲みながら食べる。ここの生海栗を一度でも味わうと、寿司屋の冷凍物の海栗や、パリの魚屋で売っている海栗など食べられなくなってしまう。カッシ産の白ワインは南仏名物の香味草の匂いと味がほのかに感じられ、そこが楽しい。ふだんは、ブルゴーニュの白もシャンパーニュも、あまり冷やしすぎるのは好きではないが、カッシ産の白ワインはきりりと冷やして飲む。

この時の休暇はホテルではなく、ヴァカンス用の小さなアパルトマンを借りた。ホテルよりはゆったりした空間があり、寝室のほかに広いリヴィングキッチンがあり、海を眺めながら料理ができた。テーブル一つに椅子二つを置くのがやっとのテラスもついていて、ここからは目の前に小さな葡萄畑が見え、その向こうに青色の地中海が静かに広がっている。フィガロ紙の三行広告欄で見つけた場所であり、「地中海の眺めあり」の一行に飛びついたのだった。

でも、葡萄畑が見られるなんて思いもよらず、これは素敵に嬉しいおまけだった。葡萄の木は植えられたばかりらしく、とても幼い。せいぜい四歳ぐらいといったところ。着いたばかりには、葡萄の樹の列が茶色に見えたのに、一週間もするとぱあっと若緑色にかわった。ブルゴーニュなどではこうはいかない。ここはやはり太陽に恵まれているのだ。葡萄畑はカッシで一番の評判が高いクロ・サント・マグドレーヌ社の所有であった。海からの風に吹かれ、海の空気をたっぷり吸いながら育つここの葡萄からできる白ワインは風味の中に海の匂いもつくだろうなと思う。だから海栗と合う。

ここでは葡萄畑の眺めだけでなく、思いがけないおまけがあった。

滞在中、快晴に恵まれ、空は高く澄み渡り、それを鏡のように映し出す海の美しさに惚れ惚れとした。海の色は青と銀と青灰の三色。それぞれの色が淡く、深く、濃く、微妙にまじりあって、魅惑的な横縞を作る。私は朝となく、昼となく、夜となく海を眺め、少しも飽きなかった。中でも日が沈む頃の海の色が素晴らしい。すみれ色にも似た淡い薄紫色が霞(かすみ)のように立ち昇り、この紫色がさまざまに変化する。宵闇が迫り星のまたたきが見え始めると、紫色は一段と濃くなり、ブルゴーニュの赤ワインになる葡萄のピノ・ノワールの色とそっくりになった。

二日目のこと、この紫色に染まる夕暮れの海を見ながら、私は「あっ」と息をのんだ。これこそが「ワイン色の海」ではないか。そう、思い当たったのである。もう、嬉しくて、素晴らしい発見だと自画自賛。これが、思いがけないおまけなのである。

この時、パリから抱えてきていた本の中に、なぜか大昔に読んだ古い一冊があった。それは『先史世界への熱情　シュリーマン自叙伝』である。村田数之亮訳、星野書店刊、昭和一七年一〇月一五日初版発行というもの。東京の本郷に住んでいた頃、近所の古本屋で見つけたものだ。パリに移ってからも読んだことがある。だが、中身はすっかり忘れてしまっていた。何気なくカバンに詰めた一冊だったが、偶然とは思えないような選択だった。

シュリーマンは古代ギリシャのトロイア戦争やトロイの木馬で有名なトロイアの遺跡を発掘し、王妃の冠や、その他、一連の見事な作りの豪華な黄金製のアクセサリーなどの品々を発見したことで知られるドイツ人だ。私の覚えているのはこれくらいのもの。だが、読み始めて、目をむいた。

第一の驚きは、シュリーマンがホメロスの叙事詩の『イーリアス』と『オデュッセイア』を聖書のように信じて、ギリシャの先史時代の発掘を始めたということ。叙事詩の中身は伝説であり、実在したとは誰も考えなかった時代である。シュリーマンは長大な叙事詩のどこからでも、ギリシャ語で吟遊詩人のように歌うことができたという。発掘現場で地元のギリシャ人を大いに驚かせたものらしい。

シュリーマンは初めてのギリシャ旅行を、オデュッセウスの故郷の小さな島イタカから始めている。現在、イタカがどこにあるかすぐに言い当てられる人はそういるまい。イタカではオデュッセイアの城館と狙い定めた場所で発掘したが、何の成果も得られなかった。人夫たちとの昼食が乾いたパンにワインと水だった時、「わが生涯を通じてオデュッセウスの館におけるこの粗末な食事程、旺んな食欲を以て摂ったことはなかった」とシュリーマンは書いている。

第二の驚きは、シュリーマンが考古学者ではなかったということ。

それなのに、何千年もの間、地下に埋もれていたホメロスの世界を発掘し、専門家たちの先鞭をつけたこと。しかも、やっかみ半分による専門の考古学者たちの執拗な批判にもめげず、トロイアばかりかミケーネやティリンスなど数々の発掘を続け、新聞や専門誌に執筆し、著作がたくさんあること。

第三の驚きは、シュリーマンの発掘は自費であったこと。

政府やメセナなどに熱心な会社の援助なしに。だが、彼は、億万長者に生まれついたわけではない。貧しい牧師の子に生まれ、十四歳の時から丁稚奉公をしながら、たゆまぬ努力と不屈の精神で商人としての道を切り開き、ロシアのサンクト・ペテルブルグで貿易会社を設立し、ついには染料の藍(あい)で、クリミア戦争の折、莫大な利益を得た。染料の藍はロシア軍の兵士の制服に使われたというから大量に売れたようだ。その儲けを資金にして、子供の頃からの夢であったホメロスの世界の発掘を始めたという。ギリシャ語は独学で、仕事の合間に覚えた。語学の天才であったらしく、ギリシャ語に限らず、ロシア語、フランス語、ポルトガル語、英語、オランダ語なども、話すだけでなく読み書きまでできた。

シュリーマンは実に潔い。巨万の富を得た後、四十一歳であっさりと商売を捨て、子供時代の夢の実現を目指す。一八六五年、四十三歳で世界漫遊の船の旅に出る。この時、中国から幕末の日本にも立ち寄り、一カ月ほど滞在。横浜からサンフランシスコに向かう船の中で、『中国と日本』の見聞記を書く。パリで出版。これがシュリーマンの一冊目の著書になるなんて、私など急に親しみを感じてしまう。

話は飛ぶけれど、この見聞記は日本でも『シュリーマン旅行記　清国・日本』（石井和子訳、講談社学術文庫）というタイトルで訳されていて、これが大変に愉快。幕末の江戸の庶民の暮らしぶりや、日本人の心映えなどが、目に浮かんでくるように書かれている。観察が細やかだ。私はこの本を読むまで、日本の馬が藁草履（わらぞうり）を履いていたのを知らなかった。シュリーマンは藁のサンダルと言っている。広重も馬にサンダルを浮世絵に描いている。蹄鉄（ていてつ）をつけているのは、役人の馬だったそうだ。

「これまで方々の国でいろいろな旅行者にであったが、彼らはみな感激しきった面持ちで日本について語ってくれた。私はかねてから、この国を訪れたいという思いに身を焦がしていたのである」とシュリーマンは書いているけれど、そのせいか彼の日本を見るまなざしは好意的だ。ここで、私が「ほほう」と目を細めるのは、鎖国が解かれる前に、外国人の間で、日本はもうそんなに評判がよかったのかということであり、興味深い。そして、シュリーマンの才気や、闊達な人柄や、小気味良いものの見方や考え方などは、自叙伝より、こちらの旅行記のほうが手に取るように伝わってくる。

世界漫遊の後、一八六六年、パリに留学して考古学を学ぶ。二年後には博士号を取得している。そして、一八七一年、トロイア発掘。一八七六年、ミケーネ発掘。

シュリーマンの自叙伝のおかげで、私はホメロスを読みたくてうずうずし始めた。南仏からパリに戻ると、ジュンク堂書店に飛ぶようにして出かけ『オデュッセイア』の上下二巻（松平千秋訳、岩波文庫）を買った。『イーリアス』は、この日書棚に見かけなかった。

帰りのバスの中で読み始めるや、面白くて、止まらなくなった。吉川英治の『三国志』を、三日三晩で読破した時のように。他のことは全部ほったらかしにして読んだ。

ああっ、とため息をつきたい。オデュッセイアには「ワイン色の海」という言葉がふんだんに出てくるのだ。いや、松平千秋氏の訳では、「葡萄酒色の海」。なんときれいでおくゆかしい言葉なのか。読んでいくうちに、ホメロスの叙事詩には決まり文句の形容言葉がたくさんあるのに気づいた。ここでは松平千秋氏の訳文を使わせていただく。たとえば、眼光輝く女神のアテネとか、雲を集めるゼウスとか。海を語るとなると「葡萄酒色の海を渡って異国の民を訪れる途中」とか、「葡萄酒色の海の面を、音を立てて吹き渡る」とか、「うつろな船で葡萄酒色の海に乗り出し」とか、「一刻も早く葡萄酒色の海を渡って国に帰還できるように」とか、「すみれ色の海から陸に上がり」とか、「二十日目でやっと葡萄酒色の海を逃れてきたもの」と。葡萄酒色は海を形容する決まり文句として『オデュッセイア』にあふれるように出てくる。

『イーリアス』がトロイアを舞台にしたトロイア戦争の軍記物語であるのにたいして、『オデュッセイア』は、そのトロイアから王のオデュッセウスとその武将たちが、エーゲ海を渡り、艱難辛苦に耐えながら、ギリシャの端っこにある故郷のイタカに帰還する冒険物語である。エーゲ海の島々やイオニア海を十年も漂流するのだから、海が舞台であり、葡萄酒色の海が登場するのはごく自然のことだ。

私は南仏のカッシで、夕暮れにすみれ色や宵闇に葡萄色に染まる海を見て、これがワイン色の海なのだと直感的に思った。

『オデュッセイア』を、「葡萄酒色の海」という言葉が出てくる場面の前後を少し注意しながら読むと、「陽が落ち、町の通りもすべて夕闇に閉ざされると、女神は船を海に下ろし」とか、「かくて船は夜を徹し、さらには暁の船路を」などという文章にぶつかる。あるいは、「大熊座にも彼はじっと目を凝らす。この大熊座こそ、美貌の仙女カリュプソがオデュッセウスに、常に左手に見つつ海を渡れと教えた星であった」という文章など。星が見え始めるのは宵闇が迫ってからだし、古代に、船は星座を頼りに航路をすすめたのだろう。ホメロスが聴衆の前で『オデュッセイア』を歌うように語る時、ワイン色の海といえば、聴衆は、船が宵闇の中にあることや宵闇に出発することを暗黙のうちに了解したに違いない。

それはともかく『オデュッセイア』を読むと、古代ギリシャの貴族たちの家のしつらえ、暮らしぶり、暮らしの作法、ワインの飲み方、黄金の酒杯、ワインの種類や産地、ワイン壺、ワインの貯蔵法、牛や羊や豚などの屠り方、肉の食べ方、饗宴、遠来の見知らぬ客のもてなし方、豪華な土産、服装の様子、高貴な女性の様子、召使や羊飼いや豚飼いの様子が生き生きと具体的に語られ、それがさらに話を盛り上げ、実に楽しい。一つ一つの話は単純で、子供の絵本になるくらいである。だが大人にも楽しい。こんな具合である。第一歌から。

「女中の一人が黄金の見事な水差しに、手洗いの水をもたらし、銀の水盤の上で注いで手を洗わせた後、磨かれた食卓を客の傍らに拡げれば、気品ある女中頭がパンとともに、貯えの食料を惜しみなく供して、数々の珍味を山の如く卓上に置く。肉切り役の給仕が、さまざまな種類の肉を盛った皿を取り上げて食卓に供し、黄金の酒盃を二人の手元に置くと、近習が二人のために幾たびも酌をして廻る」

シュリーマンは子供の頃、牧師である父親から、ホメロスの叙事詩を繰り返し聞いては、胸をときめかせた。それがどんなに夢を掻き立て、夢を膨らませたことか。トロイアの遺跡の発掘は、子供の時からの夢だったのである。とはいえ少年時代の経済的な生活環境は厳しかった。強靭な精神力を持つロマンティシスト以上の何かを秘めていた人のように思える。

私は年に一度だけだけれども、毎年、十日間ぐらいワイン色の海を眺めながら過ごす。それは、南イタリアのソレントの町の海辺のホテルからである。部屋のテラスからは、ナポリ湾の海と富士にも似たヴェスヴィオ山の美しいシルエットの景色だけしか目に入らない。真っ赤な夕日が刻々と溶けて海に落ち始めるわずかな時間を、夕食前のアペリティフタイムと決めて、ワインを飲みながらすみれ色に染まる海を愛でる。

ワインは南イタリア産だが、古代にはギリシャだった地方のものだ。ホメロス流に言えば、甘美で、赤黒く、どっしりとした味わいだ。古代のギリシャ人は水をワインで割って飲んでいた。アリアニコという品種の葡萄から作ったワインである。

宵闇が迫り、北斗七星や一番星が輝くころには食堂に移動する。この頃、海は葡萄色に深く染まり、ナポリ湾は深いワイン色の海に変化する。それを眺めながら、ゆっくりと夕食の注文をするのである。この間のなんという幸せ。ワイン色の海を眺めながら過ごす時間、私はささやかな幸福を感じる。

ワイン色なら身も心も染め上げられても、いいかなと思う。

ワインはわかる、わからないではない。好きか、嫌いかだと思う。

その夫人は富豪のインド人だった。なんでも未亡人らしい。五十代に入ったばかりの様子であり、しなやかな印象である。コート・デュ・ローヌ産の赤ワインを私たちは飲んでいた。初対面であり、たがいに言葉を選んで差し障りのないおしゃべりをしていた。こういう話は面白いはずがない。

と、夫人は巧みに話題を切り替えた。ちょっと目を伏せて「ワインはよくわかりませんの」と、上目遣いに言った。

わっ。大変。正直なところ、そんなこと言われたって、いったいどう応じればよいのかと面食らった。

こんなふうに、時折、「ワインはわからない」という人に出会う。もう、何度も何度も耳にしている。それなのに、そのたびにうろたえる。そっと白状すれば、「ワインがわからない」という言葉そのものが、私にはよくわからないのではないかと思う。

なんだか不意打ちにあったみたいだ。素早く切り返す言葉を持たない私は、ふだん思っていることを、素直に口に出した。

「私の考えでは、ワインというのはわかるとかわからないということではなく、ただ好きか好きではないか、それだけのことだと思います」と。

私は精いっぱいの笑顔で、さりげなく話した。でも彼女はお気に召さなかったようだ。「はあ」といったきりで、会話は途切れてしまった。どうも真面目に答えすぎたらしい。

グラスの中の赤ワインはとても若くて、並みのワインのちょっと上ぐらいの感じ。尖っていて硬い。すっと喉に通らない。一言でいえば飲みにくいワインであり、私にはこのことが何とも恨めしかった。ふつう私の知っているコート・デュ・ローヌは並みの等級のワインでも飲み口がよいのに。ワインさえおいしければ、飲んでいるワインを誉めればよい。そこから話の糸口はいくらでも出てくるものだと、自分の才のなさを棚に上げた。いや、正直に「このワインは飲みにくいですね」と率直に話せばよかったのだと、私は自分に腹を立てた。

これは数年前の秋、スイスのベルンにあるフランス大使公邸で催された夕食会に招かれた時のことだった。食卓に着く前のアペリティフにフランス産の白や赤のワインが十種類ぐらい並んでいたかと思う。グラスの中の赤ワインはその中から選んだコート・デュ・ローヌだった。見知らぬワインばかりの中で唯一なじみのあるワインだったのだ。

料理はセップ（茸）づくしのフルコースで、穫れたばかりの新鮮な地元のセップが前菜にも主菜にもふんだんに盛られていて、舌が躍った。素敵なおいしさであった。でも、思わず嬉しくなるようなワインはなかった。料理の素敵なおいしさに見合うワインがなかったのは実に残念なことに思えた。

この時のフランス大使は女性であり、なんと食事が始まると、食卓の真ん中で細身の華奢なタバコをくゆらせ始め、私は度肝を抜かれた。おいしいワインが一つもない理由を見事に語っているような光景であり、忘れられない。この女性のフランス大使は、ワインのことなど少しも関心がないのだろう。料理とワインの組み合わせを考えるなんて思いもよらないことなのだ。フランス女性がふつうにワインを飲むようになったのは、第二次世界大戦後のことで選挙権を得てからだという。そのせいかワインを飲まないフランス女性は多い。関心のない人も多いのだろう。

今でも思うのだが、富豪のインド人の夫人が「ワインはよくわかりませんの」と短く言った時、どこか謎めいていた。ひょっとして、夫人がふだん飲んでいるのは、さまざまに語りかけてくる飲み心地のよい小粋なワインであるのかもしれない。フランス大使公邸で出されたワインがおいしくないことを、遠回しに意思表示したのかもしれない。私はそう勘ぐっている。

「ビールはよくわからない」とか、「ウィスキーはわかりません」とか、あるいは「日本酒はわかりません」などと誰かが言うのを、これまでに聞いたことがない。ただ、「日本酒のうまさが近頃わかるようになった」という言い回しは、時折、耳にする。

それなのにワインとなるとひたすら戸惑いを感じる人がいるのはなぜだろう。ワインがわからないというのは、日本人からも、フランス人からも聞く。

フランスのワインを初めて飲んだのはパリの小さなカフェだった。それはバロン（風船型）と呼ばれるグラスに一杯の安物の赤ワインだった。バロンは一杯ひっかけるのにちょうどよい大きさのグラスで、フランス人はカウンターでキュッと飲んでいた。このごろは、バロンをあまり見かけなくなった。

グラス一杯の安物の赤ワインに、私は素直に目を見開いた。日本で飲んでいた佐渡屋（と漢字で表記されていた頃）の白ワインや、日本酒や、ビールや、ウィスキーや、コニャックとは趣がまったくちがう。私には新しいスタイルの味わいであった。こういう味わいの飲み物があるのかと、その存在を知っただけで胸がポッと熱くなった。これがワインの虜になった始まりといってよい。初めてのパリ旅行であり、ワインの事など何も知らなかった。ざっと五十年近くも前のことである。

後に、地理学者のピットと結婚してからというもの、ワインを飲まない日はない。結婚したばかりのころはずいぶんと貧乏だったのに、それでもワインは必ず食卓にあった。ワインはいつも食事とともにある。習慣なのだ。水で食事をする人を「蛙みたい」と、私たちは秘かにからかっていた。

ヴァカンスのためにワインや食費を切り詰めるフランス人は少なくないらしい。私たちはお金がないせいでヴァカンスに出かけられない年もあったけれど、ワイン代を節約するなんて考えてもみなかった。だが、安くてもおいしいワイン、それでいて良質のワインを本気で探した。

もっぱらスーパーマーケットのお世話になった。私にとってワイン売り場は宝島のような存在であり、いつだってわくわくさせられる。なぜ酒屋でなくてスーパーマーケットなのかと意外に思われる人がいるかもしれないけれど、品揃えが豊富なうえに、自由に選べるからだ。実際、フランス産ワインの八割がスーパーマーケットで売られているという。実をいうと、フランス産ワインは、七割から八割が外国に輸出されている。フランス国内に出まわるのは、その残りであり、残りの中の八割がスーパーマーケットで売られているのです。そして、どこの店でも、毎年九月から一〇月にかけて大規模なワイン祭りを開く。これなど目を光らせれば、掘り出し物に満ちている。ワインの生産者にとっても消費者にとっても、スーパーマーケットのワイン売り場は重要な場所に違いない。

売り場には並みのワインから銘醸ワインまで、フランス産はボルドー、ブルゴーニュ、ローヌ、ロワール、ピレネー、ラングドック、サヴォワ、ジュラ、南仏などの各産地、スペインやイタリアやチリやアルゼンチンなどの外国産がずらりと並んでいる。品揃えの幅が驚くほど広い。

まずは棚に並ぶワインのラベルをざっと眺めて、これはと思う瓶を手に取る。ラベルがけばけばしく目立つもの、極端にシンプルなものは手を出さない。全体の調和がとれているものを選ぶ。当たるも八卦(はっけ)、当たらぬも八卦である。まるでおみくじみたいだが、生まれつきの顔や、生き方が彫り込まれたような顔がその人を語るように、ラベルは瓶の中身を案外とよく語るものだ。

瓶を手にするとラベルを読む。まずはワインの名前と産地。収穫年。醸造元はどこか、誰が作ったのか。アルコール度数など。さらに眺める。ラベルの紙の質や趣味、全体のレイアウトの品の良し悪し、ワインの名前や生産地の文字の書体そして色、シンボルマークやイラストなどの感じ、ラベルの縁のデザインなど。じっと眺めていると、作り手の品性やワイン作りに対する姿勢が見えてくる。

目安は大量生産のワインメーカーのものより、醸造家のワイン、あるいはその産地の協同組合が作ったワイン、ワインコンクールに入賞したワインなどである。

もっともワインコンクールは数えきれないほどあり、コンクール自体の質がものを言う。私が信頼しているのはパリのポルト・ド・ヴェルサイユで年に一回、フランスの農業省が主催するフランス農業生産品コンクールのワイン部門で入賞したものである。まさに、安くておいしくて良質のワインのお手本のようなものなのだから。とりわけ金賞が素晴らしい。このコンクールは埋もれた優れた生産者や商品を世に送り出している。

たとえば近所の露天市場でひいきにしているチーズ屋の牛乳が有名でもないのにおいしくて飲みつけていると、ある年、このフランス農業生産品コンクールの酪農品部門で金賞に輝いたりして嬉しい思いをする。だって、自分の舌に対する信頼感が湧く。生産者の喜びはどれほどかと想像し、金賞の喜びを秘かに共有する。そして買い続けることは、その生産者を応援することにつながるわけです。

ともあれ、その瓶が気に入らなければ、即座に別の瓶を手に取ってみる。スーパーマーケットでは自由にあれこれとワインの瓶を手に取ることができ、私にはそれがこの上なく楽しい。町の酒屋に入って、自分で棚から瓶を取ったりすれば、店員がすっ飛んできて、「それはお好みのワインですか」とか、「どんなワインをお探しですか」とか、何か言われて邪魔されるのがおちである。ラベルとにらめっこしつつ、時にはシャーロック・ホームズのように推理を働かせることだってあるのに、その楽しみが奪われてしまうのだから。

御託をざっと書いてみたが、毎度、おいしいワインに出会ったかというとそうでもない。雑味があったり、舌触りが悪かったり、荒削りだったり、タンニンの渋みが強すぎたり、薄くて水っぽかったり、酸味が勝っていたり、葡萄ジュースのように甘かったり、いやに腰が強かったり、コンクリートのように硬かったり、飲み始めから飲み終わりまで味の変化がまったくなかったり、香りがなかったり、変に気になる匂いがしたり、色がどす黒かったり、のどごしが悪かったりと、今ではとても飲む気にならないようなワインにも出会ったものだ。なにしろ安ワインだから文句は言えない。よくもまあ真面目につきあったものだ。などと言いはしても、私自身がワインの味のあれこれをよく知らず、飲みなれていなかったことや、味に対する許容度の幅が狭かったせいもある。

どんなワインでも吐き出すなんてことはなかった。飲んだ後で頭が痛くなるようなワインにも出会わなかった。たぶんラベルを熱心に読んだおかげだと思う。それから、若さ。胃や腸も若かった。いまごろになって若さの素晴らしさに感心している。ああいうワインが飲めたのはひとえに若さのおかげだ。そして、好奇心。顔をしかめ、口をすぼめたくなるようなワインであってもへこたれなかったのは、若さがもたらす好奇心のおかげだったと思う。

人間の顔が一人一人違うほどに、ワインもひと瓶ひと瓶が、色も香りも、味わいも違う。ワインの味の多様さの発見、栓を抜くまでうまいかまずいかがわからないスリル、実に面白い。醸造家が頑張っているなと感じられる正直でおいしいワインにも数え切れないほど出会った。

飲んだワインがおいしいと、「これはめっけもの」と思いつつ、翌日、同じワインを買いに走る。胸が弾む。ところが、おいしいワインには必ず見えないライバルがいる。目を付けるのは決して私だけではない。そのワインのあった場所がぽっかりと黒い穴のようになっているとがっかりする。それでお仕舞いなのだ。おいしいワインに出会った時、すぐに同じものを買い求めるのは、スーパーマーケットでは一期一会のワインがほとんどだからである。

きっと仕入れが難しいのだろう。スーパーマーケット側でも、必死でうまいワインを探しているはずだ。だが、フランスにはワインの作り手（ワインメーカー、個人醸造家、協同組合など）は大小含めてざっと十万もいる。それらの作り手は、赤ワインや、白ワインや、ロゼワインを作り、しかもいくつもの格付けの違う葡萄畑からいくつもの異なるワインを作りだす。たった一種類のワインしか作らないという例は珍しい。毎年、様々なワインが星の数ほども生みだされていることになる。しかも、どのワインも生産量に限りがあるのだ。それに加えて、外国勢のワインも続々と登場し意気軒高である。星の数ほどもあるワインの中から、安くてうまくて良心的なワインを一定量買いつけるのは至難の業に違いない。

もっとも、スーパーマーケットで同じラベルのワインをまったく見かけないわけではない。巨大なワインメーカー（あちらこちらから葡萄汁を買い集めて、工場的なワイナリーで醸造し、瓶詰めにしてメーカーの名前をつけて売り出す）のワインは生産量が多いのか、いつでも手に入る。値段が手ごろなうえに、ラベルも結構おしゃれで、飲み口がよく、当たり障りのない味に仕上げられていて、購買欲を誘うようにできている。しかもどの年のワインも味はあまり変わらない。

醸造技術によるものか、不思議とウィスキーやビールのように味が一定している。ふつうワインは、同じ葡萄畑の葡萄から、同じ醸造家が作っても、毎年味が違うものなのに。

ある時、日本に滞在中、ホテルのバーでこの手の醸造会社のものをワインリストのなかに見つけて驚いた。グラス一杯のワインの値段がフランスで買う一本の値段の三倍ぐらいもしていたからである。

ちょっと面白いのは、ムートン・カデの存在である。大醸造会社の並みのワインと味も質も大して変わらないというのに、値段は二倍もする。ワイン好きから値段が高すぎると批判されているけれど、大手のスーパーマーケットにはまるで定番のごとく、いつでも棚に並んでいる。ワイン好きにとっては変化が乏しく退屈な味だが、いかにもボルドーらしい伝統的な風味だし、コクもあるし、全体の調和がいいから、それなりに人気があるのだろう。だが、なんといってもボルドーの有名な高級赤ワインのひとつシャトー・ムートン・ロチルド（ロートシルト）の威光と派手やかな評判が影響しているように思われて仕方がない。経営者が同じなのである。

カデというのは「次男」あるいは「末っ子」という意味があり、ムートン・カデという名前は、なんだかムートン・ロチルドの弟にあたるワインのような錯覚を与える。いや、買い手はうっかりそう錯覚してしまう。こういう時である。ラベルをしっかり見る習慣があれば、それがものを言う。

ムートン・カデのラベルはすっきりしている。パッと見ると当然のことながら名前のムートン・カデが一番よく目立つ。シンプルでおしゃれなロゴであり黒色に金色がわずかに重なっている。次に目を引くのはこのワインの創設者の名であるバロン（男爵）・フィリップ・ド・ロチルド。ロゴはゴシック体で金色。瓶の裏を見ると、ラベルと同じ大きさの紙が貼ってあり、男爵の娘であるフィリッピーヌ・ド・ロチルドの名で、ワインについての説明がある。

さらにその下のほうを見ると、ワインの瓶詰めは、ポイヤックのネゴシアン（ワイン商）であるバロン・フィリップ・ド・ロチルド株式会社となっている。つまりブレンドワインの大醸造会社であり、シャトー・ムートン・ロチルドの別会社なのだ。

ちなみに、シャトー・ムートン・ロチルドの年間の生産は三十万本だが、ムートン・カデのほうはといえば千百万本といわれる。

いずれにしても、シャトー・ムートン・ド・ロチルドと同じ経営者が作っている限り、そう無責任なワインは作るまいという信頼感が、このワインを飲む人にはあるのだろう。ふだんほとんどワインを飲まない人が、自宅でのもてなしにこのワインを食卓に出すという話を何度か耳にしたことがある。「ムートン」と「ロチルド」の文字は、なかなかに人を惹きつける力があるようだ。ロチルドは英語読みではロスチャイルドであり、日本ではこちらのほうが通りがよいかもしれない。ヨーロッパでは金持ちの代名詞のようなものだから、ワインについてまったく興味を持っていない人でも、ピンと来るものがあるようだ。

ついでに言えば、ムートン・ロチルドのセカンドワインは「プティ・ムートン」である。私はこれまでに味わったことがないばかりか、プティ・ムートンのラベルがどんなものかさえも知らない。かなりのワイン通たちに聞いてみたが、誰も答えられなかった。ともあれスーパーマーケットでも私の住む界隈の酒屋や通りすがりの酒屋でも、私はこのワインに出会ったことが一度もないのである。と、ここまで書いて、ふと思うところがあり、オペラ座界隈はマドレーヌ大通りにあるラヴィニアに大急ぎで駆けつけた。数年前にできて評判の大きな酒屋である。店に入るや店員が近づいてきた。で、「プティ・ムートンはありますか」と聞くと、即座に「はい」という。「あった。買った。飲んだ」と続けられないのは、ほんとうに残念。

プティ・ムートンは地下一階の特別室の棚にあった。この部屋はガラス張りで外からでもよく見えるものの、鍵がかかっている。値の張る高級ワインばかりが寝かせられているのである。鍵を持った店員は私の後についてくる（小さい声でそっと言うのですけれど、こういうのって、うるさいですね）。この店のプティ・ムートンは二〇一五年の三月九日現在、三五五ユーロ、日本円にしてざっと五万円。収穫年度が二〇〇五年であり、素晴らしい年だが、これではとても手が出ない。とはいえこの特別室のワインは最低でも三万円ぐらいしていて、五十万円ぐらいのワインがずらりと並んでいる。

高級ワインで有名なシャトーは、ほとんどがセカンドワインを作っている。私はシャトー・マルゴーのセカンドワインのパヴィヨン・ルージュがとりわけ好きだ。収穫年度によって味わいは違うが、口当たりが絹のように柔らかく、サクランボやスグリなど赤い果実の風味がふくよかで、味わいが口の中に長く漂う、そんな印象だ。

パヴィヨン・ルージュは、ふた昔以上も前はスーパーマーケットの秋のワイン祭りなどで見かけたものだが、この頃はとんとお目にかかれない。たまに近所の酒屋で目にしようものなら、大胆にも飛びついて一本買っておく。そして二本目を買える当てもないくせに、「ストックがまだたくさんありますか」などと私は聞いてしまう。こういう時、酒屋はすぐにパソコンで台帳を見て、あと三本とか五本と答えてくれる。面白いことに十本以上なんてことはない。酒屋も仕入れに苦労しているのかもしれない。

ボルドーの赤ワインで一級に格付けされ、世界的にもてはやされているのは、オー・ブリオン、ラフィット・ロチルド、ラトゥール、マルゴー、ムートン・ロチルドの五つのシャトーだが、いずれもセカンドワインを作っている。ところがセカンドとはいえ、値段は二級に格付けされているワインの値段とあまり変わらないのだから恐れ入る。ふつうセカンドワインは植え替えした若い葡萄の木からとれたワインや、新しく購入した隣接している葡萄畑からとれたワインだといわれている。特級でもできの悪いタンクのものがセカンドに格下げされる場合もあるらしい。

相変わらず、毎日飲む並みのワインはスーパーマーケットのお世話になっている。次から次へと目まぐるしく新しいワインが出現するから、ワイン棚の前で目を光らせるのはいつも楽しく、少しも退屈しない。

このごろになって、「毎日、並みのワインを飲むのは、ワインの武者修行」であるとしみじみ思う。というのも、色や香りや味わいや、コクの濃淡や、品質や、収穫年の古さなど、ワインの多様さが理解できるようになったし、あっと気がつけば自分の好みの物差しができていたからである。

数え切れないほどの瓶が並ぶ利き酒の会でも目を回さないし、一八五五年に格付けされたボルドーワインの利き酒の会などでも、一級、二級、三級、四級、五級と五段階にランクされたワインのおいしさの違いやその水準などがわかり、この格付けの素晴らしさに感嘆できたりする。大小のお呼ばれの夕食会の折にも、どんなワインであれ悠々と味を楽しむことができる。ブルゴーニュはムルソー村のラポーレのワイン祭りで、二百人ぐらいもの醸造家が、次々と自分たちのワインを振るまう宴会では、自分の好みの味のワイン探しに熱中できた。

ワインという飲み物は、実に多彩で多様である。

ロゼのオンザロックを南仏で

桜の季節になると、日本人はにわかに気持ちが浮き立つかにみえる。ふだん花屋に足を向けることがなくても、「花見」には行く。そんな人は多そうだ。

フランスには「花見」のような風流な習慣はない。けれど、日本人が桜を好むのと同じくらい、フランス人は薔薇の花が好きである。

「薔薇色の人生……ラ・ヴィ・アン・ローズ」と、フランス人は折に触れて口にする。薔薇色の人生は、『広辞苑』にもでてくる。薔薇色を引くと、こんなふうに。
①うすい紅色。淡紅色。
②幸福・喜び・希望などにみちた状態。「薔薇色の人生」
シャンソンの「薔薇色の人生」は、フランスの伝説的な歌手エディット・ピアフの歌声とともに、フランスばかりか世界中に広まった。今でもちょっと嬉しい時や、いいことがありそうな予感がすると、この歌のメロディを口ずさむフランス人がいる。新聞や雑誌の記事のタイトルや広告などで今もおなじみだ。なんといっても、フランス人にとって夏のヴァカンスは、いっとき薔

薇色の人生にひとしい。多くの人が一年に一度は大なり小なりの「薔薇色の人生」を享受できるのである。

フランスには「ロゼ」と呼ばれるワインもある。ロゼは薔薇色という意味だ。つまり、薔薇色のワインである。

二〇一五年の春、突然、私は「ロゼ」の存在に目を瞠（みは）った。

ある日、用事があって学生街は五区の区役所に出かけた。いつもパンテオンの前庭ともいえる半円形の広場を横切って、区役所の玄関に向かう。ところが、明るい日差しを浴びた広場は隙間もないほど若い人でいっぱいだ。それも広場の石畳にお尻をつけて胡座（あぐら）をかいたり、横座りだったり、膝小僧を抱えたりして、三人、四人、五人と車座になって小さく固まっている。何のための座り込みかしらと私は訝（いぶか）った。

やがて広場に差しかかると、なあんだ、若者たちはお弁当を食べているのだった。私は若者たちの車座の脇をジグザグに縫って、お弁当の中身を覗きながら歩いた。お弁当といってもマクドナルドとかバゲットのサンドイッチとか、プラスティックの箱に入ったサラダとかスパゲッティ、菓子パン、ポテトチップ、そしてりんごである。飲み物はコカ・コーラ、炭酸水、ジュース、ミネラルウォーターなど。ワインを飲んでいる若者は見られなかった。

界隈の大学生や高校生だろう。大声を張り上げたり、高笑いする若者は誰もいない。低い声でぼそぼそと話しながらりんごやパンをかじっていた。まるでセーヌ川畔のピクニック部隊が三々五々、サント・ジュヌヴィエーヴの丘を登って移動してきたかのようである。パンテオンにはフランスの著名な偉人たちが眠っているけれど、この光景を見たら目をパチクリさせるに違いない。

用事が済んだ後、少し遠回りになるけれど、久しぶりに学生街の目抜き通りであるサン・ミシェル通りを帰り道に選び、途中でマークス&スペンサーの小さな店に入った。イギリス系のスーパーであり、開店して一年経つか経たないかである。ここも若い人たちがあふれんばかり。さっき広場で見かけた若者たちが先回りして店に駆けつけたのではないかと思える雰囲気で、旺盛に買い物をしていた。おそらく夕食のためだろう。どれもプラスティックの箱を開ければすぐに食べられる物や、電子レンジで温めて食べる品々である。

ここに来るとイギリスのビスケットやケーキやスコーンやふわふわした食パンやベーコンなどが見つかり、日本でなじみだったものがあって、目が懐かしがる。私がいつも買うのは、カスタードクリームを挟んだビスケットである。

ワイン棚も必ず見る。私の前に一人の青年がいて、何やら熱心にロゼのある棚に目を凝らし、一本一本ラベルと値段をしっかりと見ていた。そのうち、一本を抜きとるとレジに向かった。「ほほう、若い男性がロゼとはねえ」と内心でつぶやきつつ、つられて私はロゼの棚を見てしまった。ふだんにはないことだ。なにしろ自分の家の食卓でロゼを飲んだことはない。

驚いたことに、この店では赤、白、ロゼと本棚のような棚が三つ並び、それぞれ同じ量のワインが並んでいた。ふつうは赤と白のワインが圧倒的に多く、ロゼはおまけ程度にあるだけなのに。

まずは、イングリッシュ・スパークリング・ロゼ。一九・二〇ユーロ。これがぐんと高い。他は、南アフリカ、カリフォルニア、オーストラリア、チリ、スペインなどの外国産であり、五ユーロから一〇ユーロぐらいの値段。トルコ産などもあり、一二ユーロもしている。面白い品揃えである。そして興味深いのは地元のフランス産がないことだ。赤や白はフランス産を置いているのに。

フランス産のロゼなら三ユーロや四ユーロ台からあり、六ユーロ前後でフランス中のワイン産地のものが揃っている、なんてことは、マークス&スペンサーのワイン売り場のロゼにびっくりしたすぐ後で、都会のスーパーとして知られるモノプリを始め、行きつけのスーパーや酒屋を覗いて知ったことである。

たしかにワイン売り場では昔よりロゼの量は増えていた。近所の行きつけの酒屋では、店の外に並みのワインが入った箱を三列にずらりと並べているが、気がつくとその最前列はロゼの箱だった。ここも値段は六ユーロ前後。ウィンドーを飾っているのもロゼだった。なじみの店員に「ロゼを買うのはどんな人」と聞いてみると、「すべての人、すべての老若男女ですよ」とあっさり言ってのけた。少し前まで、この店の最前列で売られていたのは、ボルドー産の並みの赤や白だったのに。

面白いもので、この後は新聞や雑誌に載っているロゼワインの広告がやたらと目に飛び込んできた。どうやらロゼに対して抱いていた偏見について少し考え直す時期なのかもしれない。あるいは春のせいなのか。薔薇色は春のイメージだ。復活祭が過ぎるや、フランス人はヴァカンスに夢を膨らます。ロゼは夏のワイン、ヴァカンスのワインのイメージがある。

ともあれ「ロゼ」を買ってみた。

早速、夕飯の食卓に出すと、「えっ、またどうしてロゼなんかを！」と、夫はたしなめるように言った。そうくることは百も承知。

「だって桜の季節だから、たまには春らしい色のワインもいいじゃない」と、私は気まぐれを装った。

「僕は飲まないよ」と、夫は不機嫌そう。

私はグラスをちょっと持ち上げ、色を眺め、

「まあきれいな桜色」と、少しオーバーに言ってみた。実際はわずかに灰色がかった薄いピンク色である。

桜色を愛でつつ、利き酒風に味わってみた。

オオララ。バナナの味がついた液体のボンボンではないか。これはダメ。

「はい。これでアペリティフはお仕舞い」といって、私はグラスの一杯を飲み切らないうちに大慌てでロゼの瓶を台所に下げた。

南仏産のロゼの一本であり、スーパーで六ユーロとちょっとの値段だから並みのワインである。もっともっと飲み、いい銘柄を探してみよう。現在では、南仏やコルシカに限らず、ブルゴーニュやボルドーでさえ、ローヌやロワール、ラングドックそしてアルザスなど、ワイン産地が競うように生産している。葡萄の品種も産地によって違うのだから、多種多様な味わいのロゼがありそうだ。などと殊勝なことを思ったのに、いざとなるとやはり白ワインや赤ワインに手が伸びてしまう。

実をいうと、ふだんパリではロゼはほとんど話題にならない。だからワイン好きを前に、ロゼの話をするのは少し勇気がいる。なんだかロゼはワインとして認められていないような雰囲気なのだから。赤でもなく、白でもなく、言ってみれば一人前ではなくて半人前。そういう印象だ。いや、ロゼは質の点で、並みのテーブルワインとして位置づけられているのだろう。ワインのガイドブックにしても、白ワインや赤ワインについては熱心に触れているが、ロゼが付録的に扱われているのは語るに足るようなワインがないということではあるまいか。

『ミシュラン』を始め、フランスにはレストランのガイドブックが山ほどあるが、とりわけ有名な『ゴー・エ・ミヨ』の創設者であるミヨ氏は『Dictionnaire amoureux de la gastronomie（ガストロノミー愛好家の事典）』（Plon 出版社）で、ロゼについて、小気味よくこんな風に書いていらっしゃる。

一九六〇年代の終わりごろ、シャンパーニュのロゼが登場し、おおいなる警戒心を引き起こした。それというのも、その頃、「ちょっと優しくて、よく冷えたロゼは何にでも合う」といううたい文句で、コート・ダジュールの安レストランを儲けさせ、流行に敏感なことが自慢の若いカップルを魅了したロゼはフランス中でもてていた。ところが十本のうち九本はひどいできで頭が痛くなるか悪酔いをしてカウンターに額をぶつけるかが関の山だった。だが大衆はロゼに夢中になった。「ロゼはヴァカンスのワイン、太陽のワイン」という評判は、良い一本にあたった時は確かにその通りだ。

シャンパーニュのロゼはこの流行の勢いに便乗したものだった。だがシャンパーニュのロゼは素晴らしい。確実に幸福感を約束してくれる。

ロゼはヴァカンスのワイン、太陽のワインというたい文句は、どうやら一九六〇年代から今も続いているわけだ。いつの時代でも南仏はフランス人にとって憧れのヴァカンスの地である。ロゼは南仏で飲むのがおいしいとうたわれるのはそのせいだろう。

その証となるような話を二つ。

その一。

ある会食の席でたまたまコルシカ生まれの女性が間近にいた。さっそく、「ロゼはお好きですか」と聞いてみた。私の顔を見る夫の目が尖った。

「もちろん。大好きです。夏、コルシカの実家に戻りますと、アペリティフにロゼを飲みます。キンキンに冷やしてグラスにつぎ、氷のかけらを入れて飲むのです」

「そもそも味らしい味のないロゼに氷を入れて飲むなんて驚きですね」と、夫が皮肉を言った。

「でも、焼けつくような太陽の下ではおいしいものですよ」と彼女は柔らかく言ってにこにこしている。

真っ青な海が見えるテーブルを目に浮かべつつ、「アルコール度が氷で薄められて、ずっと軽やかな飲み口になって、それがよいのですね」と、私は言ってみた。ロゼのアルコール度は一二度とか一二・五度である。暑いところであれば、個性のある赤ワインなどより氷入りのロゼはすかっと喉を通って、涼感を呼ぶのだろう。

二〇〇〇年にソムリエ世界一になったオリヴィエ・プッシエ氏によると、コルシカではワイン生産の半分はロゼであり、最近は上質のロゼ作りに本格的に取り組んでいる醸造家が出てきて、かなりおいしいロゼが見つかるそうだ。

その二。

娘の友人でマルセイユ出身の男性。夏のヴァカンスも、その他の休みも、マルセイユに飛んで帰る。マルセイユではアペリティフというと、きまってロゼ。やはりキンキンに冷やし、氷を入れてオンザロック風に飲むのだという。街で友達に会えば、すぐ近くのカフェに腰をおろして、ロゼを一杯。うまいとかうまくないとかつべこべ言わない。話を弾ませるための小道具のようなものらしい。

庭でバーベキューをするとなると、飲み物はやはりロゼ。ソーセージでも肉でも魚でも野菜でも、南仏のハーブやスパイスをたっぷり振りかけて焼くから、ロゼは何にでも合うという。「ロゼだって二〇ユーロぐらい出せば、うまいのがありますよ」と、彼は片目をつぶって言った。そして「ロゼの味が物足りなければ、自然に白ワインや赤ワインを飲むようになるものです」と付け加えた。

ロゼのオンザロック！　こんな思いつきは、地元、つまり南仏に住んでいる人でなければひらめくまい。二人の話を聞いたおかげで、急速にロゼの真骨頂がわかり、私は真夏の南仏に思いを馳せた。ロゼはなんといっても夏の飲み物なのだ。

肌をちりちり焼くような強い日差しの太陽。カラカラに乾いた空気。まるで雪が降り積もったような白い岩山の連なり。そして微笑むようにきらきら輝く紺碧の海。地中海の夏景色の中で飲んでこそ、ロゼはおいしいにちがいない。他のワインを飲むときのように味わってはいけないのだ。喉の渇きを潤すしゃれた飲み物なのだと思う。

とても懐かしくて忘れられないことだが、私が初めて一杯のロゼを飲んだのはマルセイユだった。四分の一世紀も前のこと。五月のある日、夕ごはんが始まるような時間にマルセイユに着いた。予約したホテルは古めかしくて、ひなびた雰囲気であり、ヴュー・ポール（旧港）の波止場に面していた。毎日、波止場の広場に露店の魚市場がたつ。この魚市場を見たい。それがマルセイユでの私の目的だった。

翌朝、パリにいる時よりずっと早く起きた。快晴。フランス窓を開け放ち、ヴュー・ポールが見渡せるバルコンに出た。小さな漁船が次から次へと波止場をめざして進んでくる。朝食をすませるや、魚市場に。車の往来で賑わうホテルの前の大通りを一跨ぎして、人だかりがしている屋台に足を向けた。屋台に無造作に並べられた魚はスズキでもタイでもヒラメでも、生きている。今も目に焼き付いているのは、黒曜石のように光る目をした鰯の美しさである。うろこがエメラルドや青や白のサファイヤのようにきらめき、宝石を鏤めた鰯のブローチのようだった。

目の覚めるような魚を見た後、近くのカフェに腰をおろし一杯のロゼを飲んだ。ところが魚の美しさにすっかり心を奪われ、その興奮が収まらず、初めてのロゼだったのに気に留めることもなく飲んでしまった。ロゼのほうでも私の気を惹くようなそぶりは少しも見せなかった。偶然だがロゼの飲み方としては正しかったわけだ。ともあれ、泳いでいる魚を除けば、あんなにも冴えた彩りの魚を見たのは、あとにも先にもこれきりである。

余談になるけれど、パリからマルセイユまでTGV（フランスの新幹線）が開通してからは、マルセイユに出かけると、パリに戻る日、魚市場に出かけて大ぶりのヒラメを二尾買って帰る。それをお昼にムニエルにして食べるのである。まあ、このヒラメのおいしいこと！　その後何カ月もパリの魚屋でヒラメを買う気がしなくなってしまう。

さて、マルセイユでロゼを飲んだ同じ日の夜、私は地元の名物のブイヤベースを食べた。ワインはソムリエおすすめのカッシ。ロゼではなくて、地元産の白ワインである。まずはハーブの新鮮な香りの一撃。今まで知らなかったエキゾチックな味わいだ。かすかに塩味を感じる。飲み口もすっきりしていて、こちらのほうはいっぺんに気に入ってしまった。数々の魚の旨みとサフランが微妙に溶けあって、ブイヤベースは豊潤なコクがある。そんな料理をカッシは見事に引き立てていた。

カッシはマルセイユに隣接した風光明媚な地域であり、箱庭のようにかわいらしい漁港がある。港の端から端まで歩いて三十分とかかるまい。大都会のマルセイユのヴュー・ポールと違って、以前に漁師の家だった小さな建物が寄りそって港をぐるりと囲んでいる。どの建物も外壁の色がそれぞれに違い、間口が狭くて奥行きが長い。今ではほとんどがカフェやレストランだ。カッシはマルセイユやエクサン・プロヴァンスなどの都会の人々が憩うオアシスであり、家族連れが多く、雰囲気がのんびりしている。私はデュフィとマチスの絵が大好きだが、彼らはカッシに長く滞在して絵を描いた。

カフェでもレストランでも、港に向けてテーブルと椅子を店の外にたくさん並べている。この一隅に陣取って、陽光を浴びながら、冬でもロゼを飲む人は多い。実をいうと、私がマルセイユやカッシに行くのは、たいていが冬である。陰気臭い冬のパリからの手軽な逃避先といってよい。

マルセイユやカッシに何度も出かけるうちに、赤ワイン好きの私は、やはり白ワインのカッシだけでは物足りず、地元産のおいしい赤ワインを見つけたくなった。レストランに行くたび、ソムリエにしつこく質問をしては、上質の赤ワインを選んで飲んだ。その甲斐あって、シャトー・シモン、ドメーヌ・タンピエ、シャトー・ド・ピバルノン、シャトー・ラ・トゥール・ド・レヴェックなどの素晴らしい赤ワインとなじみになった。いずれも南仏で名を馳せている。が、ありがたいことに、ボルドーやブルゴーニュの銘酒より、ずっと値段が手ごろだ。今では、太陽と海だけでなく、これらの赤ワインを飲む楽しみができた。

私の南仏産ワインへの興味と知識は、こんな風にじわじわとゆっくり進んでいる。そこへロゼのブームが迫ってきている手ごたえを、この春、パリで感じてびっくりした。さらに、南仏にロゼが不足しているという噂が耳に入った。南仏産ワインのうち大部分がロゼだといわれているのに。もっぱら地元で飲まれていた南仏産のロゼが、よそでも売れだしているらしい。それはフランス国内に限らず、外国にも進出しているようだ。

先日、昼の会食で友人のアンリ・マリオネ氏と隣り合わせた。マリオネ氏はロワール地方のソローニュの醸造家である。伝統的な自然醸造で知られ、とりわけガメ種の葡萄から作る赤ワインが有名だ。ガメ種の葡萄からできる赤ワインというとボージョレが世界的に知られているけれど、マリオネ氏の赤ワインはボージョレのどのワインとも違う。豊潤な香りと深い味わいを持ち、比較できないおいしさなのだ。

そのマリオネ氏に「どうもロゼが流行りらしい」と、私の驚きを話すと、

「うん。流行りだした。もう十年ぐらいも前から少しずつ少しずつ売れ行きが伸びていて、今ではそれが目に見える。ちょうど、ボージョレが流行らなくなった頃からだ。うちのワインの売れ行きが伸び始めたのとも一致している」と、彼は言った。

ボージョレは、「ボージョレ・ヌーボー」で、新酒の軽さを売りにして世界的なブームを巻き起こした。が、このブームに便乗して「安かろう、うまくなかろう」のボージョレ・ヌーボーを作る醸造家が少なくなかったと見え、ブームは下火になり、ここ十年ぐらい低迷状態にある。ボージョレを飲んでいた人たちが、ロゼに目を付けたのだろうか。

どちらも軽いし、よく冷やして飲むところが似ている。流行りは必ず廃れるものであり、人々は新たなものに飛びつく。これは世のならいだ。しかしマリオネ氏の赤ワインに目を付けた人たちは、本当においしいボージョレの味を知っている人たちで、おいしいガメ種の赤ワインの味を求めたのだろう。

マリオネ氏との会食はたまたまボージョレ地方にあるシャトー・ホテル内のレストランであり、ロゼの流行がボージョレに関係があるかもしれないことを知り、面白くて、私は目を丸くした。こんなわけで、私のロゼにたいする興味はますます強くなっている。

先に南仏でおいしい赤ワインを作るシャトーやドメーヌ（醸造元）の名をあげたが、いずれもロゼを作っている。そのうち、シャトー・ド・ラトゥール・ド・レヴェックの醸造家のレジーヌは女性であり、オーナーでもある。ここのロゼは「ペタル・ド・ローズ」、つまり薔薇の花びらという素敵な名前がついている。ある時、「鮨によく合うのよ」とさりげなくレジーヌが言ったのを、よく覚えている。で、ボージョレから帰ってくると、早速「ペタル・ド・ローズ」を注文した。

今、それが届くのを楽しみに待っているところである。

ボージョレへのお詫び

どうもボージョレに申し訳ないことをしてきた。「長い間、失礼いたしました」と、心からお詫びしたい。

今まで私はボージョレの赤ワインに冷ややかだった。昼も夜も毎日ワインを飲むのに、特にボージョレを飲みたいと思う日はなかった。ガメ種からできる赤ワインを敬遠していたのである。でも、それは、無知と偏見のせいだったことにようやく気が付いた。

二〇一五年の春、初めてボージョレを訪れた。車窓の景色を目にするだけで何か快いものが胸に湧きあがってくる。親しさに満ちた田園の風景と、さわやかなワインがすっかり気に入ってしまった。で、その後は、会う人ごとにボージョレの魅力を言いふらしている。気がすすまないまま仕方なく出かけたのに、「牛にひかれて善光寺まいり」を経験した。

ボージョレは藤の花が満開だった。

葡萄畑が広がる丘陵地のくねくねした道をバスは行く。途中ぽつぽつと現れる小さな村を通り過ぎるたび、藤の花がある。ひなびた家の外壁を藤の枝が縦横に這っているかと思えば、藤造りの垣根に囲まれた家や、庭に藤棚のある家がある。

次から次へとこんなにもたくさん藤の花を見るのは初めてだ。バスを降りて、花の香りをかいでみたかった。昔、ブルゴーニュに家を持っていた頃、台所の入り口の外壁に古い藤の木があった。花はえもいわれぬ官能的な匂いであり、ふっとそれを思い出した。

目に飛び込んでくる藤の花は青紫で、花びらが詰んでいて、ふっくらとした紡錘形。ちょうどボージョレの赤ワインになるガメ種の葡萄の実のような膨らみである。豊満な風情だ。歌舞伎の「藤娘」が肩にするほっそりと涼やかな藤とはだいぶ趣が違う。

ひとりよがりかもしれないけれど、ふっくらとした藤の花の形が、ガメ種の葡萄の房に似ているのは面白いと思った。

でも、季節は春。黒紫の表皮を持つガメ種の葡萄の実は見られなかった。目にしたのは春の葡萄畑の表情である。葡萄の木の一枝がすっと地面に並行して伸び、開いたばかりの葉を、羽子板の羽根のようにちょんちょんと三個ほどつけている。まるで葡萄の木がいっせいにヨガをしている様子だ。これからみるみる成長する。

ボージョレといえば、ボージョレ・ヌーボーを語らねば話になるまい。などと偉そうなことをいいつつ、打ち明けていえば、私はなにも知らないにひとしかった。これから書くことは、ボージョレを訪ねた後に知ったことであり、私はほやほやのボージョレファンである。

ボージョレ・ヌーボーが市場に出回るのは、葡萄摘みからわずか二カ月経つかどうかという頃。軽やかで、果実や花の香りがあふれる新鮮な味わいと、さわやかな飲み口が身上だ。醸造家の腕はここにかかっている。コクがあり過ぎたり、皮のにおいがあったりしてはいけないのだ。色は紫がかった赤。フランス人はルビー色といっている。このできたての新しい赤ワインがボージョレ・ヌーボーである。毎年、一一月の三週目の木曜日に、世界中で同時に売り出される。

古今東西、文明がある地では、それぞれが独特の酒を作り、新酒を祝う祭りというものをしているに違いない。でもそれらは地域的なもの。ところが赤ワインのボージョレ・ヌーボーは世界的な規模の祭りに広がった。秋がくるとボージョレ・ヌーボーの入荷を心待ちする人が世界中にいるのだからすごい。

しかし正直なところ、ボージョレ・ヌーボーの人気は、実はもう十年以上も前から低迷を続けているという。初期のようなバカ売れではなくなったものらしい。もうボージョレ・ヌーボーは古くて、今はボージョレ・クラシックが新しいなどと憎まれ口をたたく人がいる。

ボージョレ・クラシックというのは、特級でも一級でもないが、ボージョレ地方の中で特定地域に認定された葡萄畑からできるワインでクリュものといわれ、ぜんぶで十ある。名前をあげれば、ブルイィ、シェナ、コート・ド・ブルイィ、シルーブル、フルーリー、ジュリエナ、モルゴン、ムーラン・ナヴァン、レニエ、サン・タムールである。いずれも長期保存がきく。

今回の旅行で、これらのクリュものを初めて味わった。実においしい。ガメ種の葡萄からできたワインを改めて知ったと思う。打ち明けていえば、同時に自分の偏見と無知に気がついたのだった。

印象的だったのは、シャトー・ムーラン・ナヴァンのサロンで利き酒したムーラン・ナヴァン・ラ・ロッシェルの二〇一二年である。フランボワーズやサクランボなどの果実の香りが豊かで、風味の調和がよく、舌触りが優しい。ブラインドで利き酒をしたら、ブルゴーニュのコート・ド・ニュイ産の赤ワインと言ってしまいそうだ。なんだか狐につままれたような思いでいると、同行のミシェル・ベタンヌ氏が突然大きな声をだして「このワインはジュヴレ・シャンベルタン産にとてもよく似ている。ムーラン・ナヴァンはボージョレのジュヴレ・シャンベルタンなのですよ」と、全員に聞こえるように言った。

ベタンヌ氏はフランスきってといわれるワイン評論家であり、ボージョレに住んでおられる。内心で「そうでしたか」と私。狐はたちまち消え去った。この時、ベタンヌ氏がワインをついでいる人に「もっと冷えていたほうがよかったのに」と言っているのを耳にした。そういえば、レストランでの食事の際でも、他のシャトーでの利き酒でも、「もっと冷やせ」としきりに言っていらした。ヌーボーに限らず、クリュものでもしっかり冷やして飲むとよりおいしいのだなと、そのことを私は胸に刻んだ。

ところで、ブルゴーニュの赤ワインはピノ・ノワール種の葡萄で作られるが、中世のころはガメ種の葡萄でも作られていた。それを一四世紀末に、時のブルゴーニュ公は「ガメ種は不誠実な品種である」と難癖をつけて追放したのだった。なぜ不誠実なのか、意味がよくわからないけれど、醸造家たちはガメ種の葡萄の木を引き抜くことを厳しく命令された。当時のブルゴーニュ公はフランス王国をしのぐほどの勢力があり、金持ちでもあった。領土も今のブルゴーニュ地方から現在のベルギーやオランダにまで及ぶ広さだった。ブルゴーニュ公は超豪華な宴会を主催して、自慢のブルゴーニュ赤ワインで内外の貴公子をもてなし、ブルゴーニュの赤ワインの名声を高めた。そのころからすでに高貴で高価なワインであった。でも、ガメ種を追放したブルゴーニュ公がムーラン・ナヴァンのラ・ロッシェルを飲んだらびっくりするに違いない。

ブルゴーニュ公の度肝を抜くような話を、もう一つ。

旅行の後、一カ月もしないうちに、雑誌のフィガロマガジンに私の目を引く記事が出た。タイトルは「ボージョレのクリュもののルネッサンス」。筆者はフィガロ紙のワイン専門記者のベルナール・ビュルスィ氏。短い記事だが興味深い。ここでは書き出しの部分をご紹介しよう。

……「ジュリエナの一九六一年産？」舞台はシンガポール。

世界中から集まったワインの利き酒の名人を前にまったく不可解なことが起こった。その一本はブラインドで、カラフに入れてサーヴィスされた。いかにも偉大なワインを想像させるカラフの中身は何か。

すぐにミレジム（産年）について全員の意見が明確に一致した。一九五九年産か、一九六一年産か。これほどに素晴らしいワインはこの二つのミレジムしか考えられない。

で、ワインそのものは？　途方もない憶測が流れた。

「ラ・ターシュかロマネ・コンティか？　とにかく極上のワインだ！」

やっと瓶の中身がわかった時の、一同の驚きといったらなかった。確かに、集まった誰もが、ボージョレのクリュもののムーラン・ナヴァンやモルゴン、あるいはフルーリーが過去において忘れられないほどに素晴らしかったことを知らないではない。

「しかし、これほどのレベルとは！」

中でも疑い深い面々は、瓶が本物かどうかと疑いをかけることに躊躇しなかった。

「これはジュリエナの一九六一年産の瓶に、ラ・ターシュの一九六一年産を詰め替えたのではないか」と。だが、冗談にも限度がある。

現在、ラ・ターシュの一九六一年産の一本を見つけるのは、ほとんど不可能に近い。見つかったとしても、一本が百万円はするだろう……。


ガメ種はブルゴーニュ公に嫌われ、ブルゴーニュの石灰岩質の土壌とは相性が悪かった。ところが、「捨てる神あれば、拾う神あり」で、ボージョレのローズ色の花崗岩質の土壌とは大変によく合い、ここでは水を得た魚のように個性を発揮しおいしいワインになる。しかもクリュものとなると、ムーラン・ナヴァンやモルゴンやフルーリーやジュリエナなどは、寝かせているうちに、まるでピノ・ノワール種から作ったブルゴーニュワインのような味わいに変化する。不思議なものだ。

思えば、初めて飲んだボージョレ・ヌーボーがおいしくなかったばっかりに、その悪印象はしつこく私に付きまとった。でも、たった一回でおいしくないと決めつけてしまったわけではない。十回とは言えないものの、カフェやビストロを変えて何回か飲んではいる。私がいい顔をしないと、ワイン好きの友人たちは「ボージョレにもおいしいのがあるのに」と言って、クリュものの名前をあげたものだ。そういうワインをすぐに買って飲むことをしなかったのは、その頃ブルゴーニュのワインに取りつかれていたからのような気がする。それに経済的にも胃にとっても、ほかのワインを買って飲む余裕はなかった。

ボージョレ・ヌーボーはボージョレ地方で並みに格付けされた地域の赤ワインから作られ、はしりの新鮮さが切り札だから、やはり祭りの日にちょっと一杯を楽しむのがよい。そのように作られているのだから。

ボージョレ・ヌーボーの新酒祭りが公式に認められたのは一九六八年のこと。一九七〇年代に入ると、フランスの北から南まで、フランス中がボージョレ・ヌーボー入荷に湧いた。とりわけ賑やかに浮かれた街はパリである。

一九六八年は大学革命のあった記念的な年だ。フランス人であれば誰でも知っている。フランスの古い伝統は根こそぎたたき壊されて、パリっ子は何につけ新しいもの、好んで時代の先端を行くものに熱をあげた。

ボージョレ・ヌーボーもその風潮に乗って成功したように思われる。一九七五年には『Le beaujolais nouveau est arrivé（ボージョレ・ヌーボー入荷）』（René Fallet 著）という小説が出版され、ベストセラーになった。この本を読むとボージョレ・ヌーボーがパリでいかにもてはやされたか、飲む人たちがどんなにはしゃいだかが手に取るようにわかる。

一九七五年といえば、テレビで、あらゆる分野の新刊を紹介する番組「アポストロフ」が始まった年である。生番組で毎週金曜日の夜の九時半から一一時まで。大変な人気を呼び、一九九〇年まで続いた。この番組は読書好きや出版界、書店など本に携わる人々に限らず多くのファンを獲得し、いつも高視聴率だった。私などもフランス語がよくわからないくせに、金曜日の夜はテレビにしがみついて「アポストロフ」を見た。

番組に登場する顔ぶれは新刊の著者たちだが、多彩で、いずれもが千両役者。時の人が多かった。作家、学者、政治家、俳優、映画監督、音楽家、評論家、料理人……など。フランス人は生まれつきの役者だ。息をもつかせぬ面白さで、一時間半があっという間に過ぎてしまい、毎度、もっと長く放送すればよいのにと思ったものだ。司会のベルナール・ピボー氏は時代の寵児だった。この番組はピボー氏の才能とともにいまもしょっちゅう話題にされる。現在、ピボー氏は、アカデミー・ゴンクールの会長で、世界的に有名なフランスの文学賞、ゴンクール賞の審査委員長でいらっしゃる。ちなみにこの賞の対象はフランス人作家に限らない（ただしフランス語で書かれた本であること）。これまでにも外国人作家がずいぶんと受賞している。

話が飛んでしまった。実はピボー氏は期せずしてボージョレ・ヌーボーの成功に一役も二役も買ったようなのだ。ピボー氏はリヨンの出身で、両親がボージョレに葡萄畑を持っていた。しかし理由はこればかりではない。

兵役が終わるや、ピボー氏は求職のために母校のジャーナリスト養成学校を訪ねた。二十三歳だった。するとフィガロ紙の文芸部で見習いを探しているという。文芸部という柄ではないと思いつつも、当時シャンゼリゼ通りのロン・ポワン広場の一角にあったフィガロ社をピボー氏はその日のうちに訪ねた。面接に当たったのは文芸部長のモーリス・ノエル氏。さすがはポール・クローデルの友人であり、ポール・ヴァレリーを尊敬するという教養にふさわしい風格で、威厳があり、肩幅ががっしりしていた。無愛想で見かけはとっつきにくい印象だが、実際は度量の大きい人物だった。

「『ハドリアヌス帝の回想』を読みましたか？　マルグリット・ユルスナールの」

「はあ……いままでにマルグリット・ユルスナールの名を聞いたことはないのですが」

「では、ドニ・ド・ルージュモンの『愛と西洋文明』についてどう思いますか？」

「べつに思うことはありません。なにしろ読んだことがないものですから……」

ノエル氏はほかに一ダースぐらいの本と著者の名前を列挙したが、ピボー氏はうなだれるばかりだった。しまいには、皮肉っぽく「君は読書というものをしたことがあるのですか」ときかれるしまつ。ピボー氏はいたたまれなくなって、一刻も早く面接が終わってほしかった。

不採用を唐突に告げるのをかわいそうに思ったのか、ノエル氏は「君はパリ出身かな。それとも地方出身かな」と出しぬけにきいた。

「リヨンです」

するとノエル氏は、戦争中、パリがドイツ軍に占領されていた頃、フィガロ社はリヨンに疎開していて、仕事が終わるとブッション（リヨン風のビストロ）に出かけては、ハムやサラミやソーセージやパテなどを食べ、うまいボージョレで一杯やったものですと懐かしそうに語った。

「あのう。ボージョレはお好きですか？」とピボー氏。

「ああ、大好きだ。うまいやつならね」

ノエル氏は十五分前とは打って変わって穏やかで自然な調子に戻っていた。でも、二度と会うことはあるまいとピボー氏は思った。

「私の両親はボージョレに葡萄畑を持っています」

と、ノエル氏の目が一瞬ぴかりと光った。やっとノエル氏を驚かせ、自身に興味を覚えさせたのだった。

「彼らのボージョレはうまいですか」

「年寄りの通によればボージョレ一のひとつだという評判です」

「それを実際に買うことはできますか」

「もちろんです」

「ほら小さな樽、ボージョレで何と言っていたかなあ。一二リットルぐらい入る樽だ」

「ああ、カキヨンですか」

「そうだ。カキヨンを一樽！　代金は君に払おう」

「八日以内にお届けできます」

「ところで、君を見習いとして三カ月間採用することにしよう。月曜日から仕事を始めたまえ」

二週間ぐらい後、ノエル氏が編集室に入ってきて「ピボー、君のご両親のボージョレはなんて素晴らしいのだ」と、声を大きくして言った。編集部の人たちは、「鶴の一声だ。君は本採用だよ」と口を揃えた。

天下のピボー氏がスタートにこんなエピソードを持っているなんて愉快だ。

この話はピボー氏の著作の一冊から見つけたものだけれど、そしてピボー氏がリヨン出身であることはつい最近知ったことだけれど、当時ピボー氏が講演やら座談会などでこんな話をすれば、どれほどの影響力があったことやら。

そのころピボー氏と同じようにテレビで大活躍した故ジャック・マルタンは子供からお年寄りまで家族ぐるみで見られる番組が人気で、子供の天性の声をひきだす名人だった。この人もリヨンの出身だった。

忘れてならないのはムッシュ・ボキューズ。リヨンの三つ星レストラン「ポール・ボキューズ」のオーナーシェフである。ボキューズ氏は料理人として初めてレジオンドヌール勲章に輝き、しかも当時のジスカールデスタン大統領が自らエリゼ宮で授けた。それでフランスの料理人の格が一挙に上がったといわれる。ボキューズ氏の名声も人気も華々しいものであった。世界中の食通がリヨンの「ポール・ボキューズ」に駆けつけた。店のワインリストには、ポール・ボキューズの名がついたボージョレのクリュものがずらりと並んでいる。ボキューズ氏は大のボージョレびいきなのだ。

リヨンはローマ時代にローマの鏡と言われた古都である。大昔から食の都として名を馳せ、満々と水をたたえたローヌ川とソーヌ川が流れることでも知られている。街の風情はとても奥ゆかしい。でも実は食の都の真ん中をもう一つの川が流れていて、それは赤ワインであり、ボージョレなのである。こう言ったのは作家のレオン・ドーデであり、大変なボージョレ好きであったという。

私などは街ばかりかリヨンの人々の体の中をボージョレが流れているのではないかと、今さらのように疑ってしまう。単なる食いしん坊も、味覚の洗練された食通も、貧しい人も金持ちもリヨンのすべての人たちがボージョレを飲む。毎日の食卓に、レストランや、カフェや、ブッションや、会合や、結婚式や、仕事の後など、ボージョレはいつもリヨンの人々に自然体で寄り添っている。一九世紀には、食の都ばかりか絹織物の都でもあったリヨンには、たくさんの絹工場があり、その労働者たちの活力源でもあった。

ボージョレは法王や偉大な領主や王家に愛され保護されたこともなく、修道院の権力にあやかったこともなく、取り立てて言うほどの華々しい歴史を持つワインでもない。それなのにボージョレの人気はたいしたものなのだ。第一に値段が安い。懐を気にせずたくさん飲めるのは嬉しいことだ。赤なのに冷やして飲む。シンプルな味だからすっと飲める。しかも果物の香りが快い。飲み口がさわやかで軽い。魚でも肉でもソーセージでも何にでも合う。で、ボージョレの赤ワインがない日など考えられないに違いない。ボージョレは食事の友なのだから。

日本流に言えば、ボージョレ・ヌーボーはボージョレ地方の村おこしと言ってよい。ボージョレに子供のころから親しんでいるリヨン出身の著名人が、期せずして「よいしょ」をしたのはごく自然のなりゆきだろう。それにフィガロ紙のモーリス・ノエルのように、戦争中リヨンに疎開してボージョレの味を覚えたジャーナリストたちも、熱心にボージョレ・ヌーボーを応援したらしい。

偉大なワインを産出するブルゴーニュと大都会のリヨンに挟まれたボージョレ地方の赤ワイン

は地酒に過ぎなかった。それが、ボージョレ・ヌーボーの奇跡的な成功のおかげで、一躍有名なワインになった。世界中で売れるようになったのだからボージョレの村おこしの成功は神話にも等しい。

それが振るわなくなっているのは気の毒だが、必ずしもボージョレ・ヌーボーの品質が落ちているわけではないという。むしろワインの風味の好みを持つ人が増え、物足りなく感じる人がボージョレ・ヌーボーから離れたのかもしれない。ボージョレ・ヌーボーの最大の魅力は安い値段にあるが、同じクラスのワインをもっと安く作るスペインやイタリアやチリやアルゼンチンなどの外国勢のメーカーが続々と現れ、競争が激しくなっているからでもあろう。値段の安さを喜ぶくせに、安かろう、まずかろう、工場製のワインだろうというイメージが消費者の間に生まれ、この悪印象が広まったせいも否めない。

日本はボージョレ・ヌーボーの最大の顧客らしいが、日本人の初物好きという性格を超えて、ワインそのものに対する好奇心、フランス産の赤ワインに対する興味がそれだけ強いといえるように思う。私にはそう見て取れる。日本の文化水準の高さを示す一つの物差しと言っても言い過ぎではあるまい。

ヌーボーの味が気に入っても気に入らなくても、ワイン入門のきっかけになる人は多いだろう。「初めにボージョレ・ヌーボーありき」はワイン入門にぴったりだ。なぜなら、わかりやすいワインだから。ワインの魅力、赤ワインの魅惑というものを感じ取れるに違いない。自分なりに感じる素直な舌の発見は嬉しいものだ。

私のなじみの酒屋にジャン・バティストが入った。新しい店員である。まだ二十代の青年だけど、単なる店番ではなく、大変ワインに詳しい。で、前よりずっと多く足を運ぶ。ついこの間、「ところであなたボージョレはお好き?」とさりげなく聞いてみた。と、彼は「ええ、僕の大好きなワインです」と言って素敵な笑顔を見せた。

「僕はピレネーの出身です。しぜん、ラングドックやボルドーの腰の強いワインを飲むことが多く、その味にもよく親しんでいます。ですから、初めてブルゴーニュのワインを飲んだ時、飛び上がるほど驚きました。これがワインかと。色が頼りなくて、酸っぱくて、ちっともコクがなくてと。それに値段が高い。ボージョレのクリュものに出会った時は嬉しかったです。値段もブルゴーニュの村名ワインとあまり変わらないし、クリュによっていろいろな風味を楽しめますし……」と、何も聞かないうちに彼はその理由を説明した。ボルドーとブルゴーニュの間を取ってボージョレを飲むという若いジャン・バティストの目の付けどころのよさに私は感嘆した。

私など、今ごろになって一所懸命にボージョレを飲んでいるのです。ボージョレを飲んでは旅の思い出を蘇らせ、あの田園風景が目に浮かんでくるとまたボージョレを飲む。と、こんなことを繰り返している。葡萄畑のある風景はどこでも美しいものだけれど、こんなにもボージョレの風景に惹かれるなんて。まるで素敵な人に恋してしまったかのようなのだ。

旅の一日目、早朝にホテルを出た。途中、ピエール・ドーレ地域のひなびた村を通りかかると、朝日を浴びてどの家の壁も眩いほど黄金色に輝いている。びっくりして、いっぺんに眠気が覚めた。家はピエール・ドーレ(黄金の石)造りなのだという。なるほど、石の一つ一つをよく見ると、黄土色だ。日差しを受けると黄金色に見えるのである。民家は古くて小さいけれど端整な作りで、屋根瓦が赤褐色のローマ風（かまぼこ形）。瓦は優しく古びて、オレンジ色っぽくなっている。アルルやアヴィニョンなら驚かないけれど、イタリアや南仏の伝統的な屋根瓦を目にして、「まあ、なぜここに！　ボージョレの歴史を知るべし」と、心に留めたことだった。

丘陵は右も左も一面の葡萄畑。丘を登ったり、下ったり。また登って、また下る。なだらかな丘陵が幾重にも連なっている。はじめ、イタリアが誇る赤ワインのバローロの産地として有名なピエモンテに似ているなと思った。だが、ピエモンテの丘陵はもっと高くて少し尖った感じがあり、丘の頂上には古いシャトーが聳え立つ。シャトーは砦を兼ねていたらしく、どこか厳めしい様子であり、大小の領主がひしめいていた中世やルネッサンスの時代、日本の戦国時代に思いが飛ぶものだ。

ところがボージョレでは、シャトーは丘陵の中腹あたりに見え隠れしている。それも数え切れないほど。ワイン産地のシャトーといえばボルドーが有名だけど、そのボルドーに優るとも劣らない。ボージョレにこれほどたくさんのシャトーがあるなんて、大発見だった。しかも一二世紀から一九世紀の間に建てられたシャトーであり、さまざまな様式と顔を持っている。もっとも中世やルネッサンス時代の古いシャトーは、残っていたその時代の建物を修復し、増築している。シャトーによっては、丸屋根の塔は一五世紀、本体は一八世紀、シャペルは一九世紀などと、時代が違う建物が合体していて、面白い。

一九世紀のシャトーは、銀行家や絹織物の工場主など、リヨンの大金持ちが建設したものだ。

シャトーは建設した人の趣味によるものらしく、ルネッサンス様式あり、一八世紀様式ありである。当時、リヨンの絹織物はヨーロッパに競争相手がなく、工場主は莫大な利益をあげたという。興味深いのは、別荘ではなくて日常の住まいとして建てられたことである。当時、リヨンとボージョレの間は、馬で四時間かかったそうだ。シャトーの主(あるじ)は暮らしの美を丁寧に楽しんだ。この風習は今も続いており、シャトーの主たちは丹精をこめて庭の手入れをし、室内装飾や美しい食器類やテーブルクロスの選択などに熱心だ。

どのシャトーも大変に美しい。といって少しも華美なところはなく、生き生きとしている美しさであり、目に快い。留守番がいるだけのシャトーや、社員が管理するシャトーや、観光用のシャトーと違って、暮らしの匂いや人の温もりが漂っているからだろう。

なだらかに広がる丘陵の葡萄畑に散在する、林や森、遠くに見える菜の花畑、のんびりと牛が寝そべっている牧場、果樹園、畑や花壇、教会、ひなびた村落、藤の花、手入れの行き届いた民家、そして丹精こめた庭を持つシャトー、丘陵を遠回りに囲む青いシルエットのジュラ山脈が一体となって、えもいわれぬ田園風景を作りだしている。私が心を打たれたのは、頭に描く理想郷のような雰囲気の田舎を実際に目の前にしたことである。

フランスのワイン産地を訪れると、シャンパーニュでもブルゴーニュでも、ボルドーでも、葡萄畑と村や町はそれぞれが独立していて離れ離れであり、田園風景はないのである。

旅の最終日、私たちは朝から三回の利き酒をした。朝の一回目の利き酒のワインはほとんど吐き出した。これはまずいというのではない。利き酒では、吐き出すのがふつうである。私は気に入ったワインはちょっと喉を通してみるが、専門家はすべて吐き出してしまう。この日は、昼食が料理とワインの饗宴であり、料理が変わるたび、それに合わせてワインのクリュとミレジムが変わり、利き酒を兼ねていたのについつい飲んでしまった。料理もワインも種類がすこぶる多かった。この後、もう一回利き酒。修復を終えたばかりでピカピカに輝くシャトー・ド・ピエルウの広々とした庭で、もう一回、利き酒。ちょっとしんどかった。まだ日は高いけれど、五時をたっぷりと過ぎていた。

おしまいは、コート・ド・ブルイィの名門シャトー・ティヴァンで、アペリティフをご馳走になった。バスから降りた時、シャトーらしき建物は見えなかった。大きな屋敷という雰囲気だ。門を入ると石畳の小さな庭があり、大ぶりの植木鉢が左右に並び様々な樹が植えられている。私たちは屋敷に入り、一九世紀風の家具が並ぶサロンや食堂を通りぬけて、また庭に出た。石壁を背にして、前はコート・ド・ブルイィの丘の葡萄畑を一望する長方形のテラス風の庭だった。葡萄畑が借景になっているのである。

庭の真ん中に巨大なモミの木が一本あって、片側の枝を大きく落として半円のパラソルに仕立ててある。その下に、真っ白なレースのテーブルクロスがかかった大きなテーブルがしつらえてあり、白とオレンジ色の薔薇の花と、数本のワインとグラスのほか、いちごを盛った器が見えた。私などこの光景を見ただけで疲れが吹き飛ぶのを感じた。葡萄畑を渡ってくるそよ風が心地よい。

と、子供たちが、いちごの入った器を手にして一人一人にサーヴィスして回った。シャトー・ティヴァンのオーナーであり醸造家であるクロード・ジョフレ氏のお孫さんたちである。私は二粒取った。摘みたての新鮮さ。柔らかくて、甘酸っぱくて、爽やかで、何とも言えないおいしさ。口中のすみずみまで洗われるような感じがした。子供が私の前にいちごの入った器を持ってくるたび、私は喜んで手をのばした。次のサービスは、焼きたての温かいグージェール。シュークリームの皮によく似た形のおつまみで、一口で食べられる大きさであり、皮にはチーズが混ぜてあるけれど詰め物はなくて軽い。ブルゴーニュではアペリティフの定番だけど、ボージョレでも同じらしい。どんなワインとでもよく合う。私は焼きたての温かさが嬉しくて目を瞠った。嬉しそうに食べている私の足元に犬がやってきて、グージェールをねだった。この間に、ジョフレ氏が奥さんのエヴリンヌや息子さん夫婦と一緒に、シャトー・ティヴァンのコート・ド・ブルイィを注いで回った。ミレジムは二〇〇九年、二〇一一年、二〇一三年。いずれも溌剌とした新鮮な香りに、果物の風味が豊かで、口当たりは絹の柔らかさ。おいしいボージョレの魅力にあふれている。全員が利き酒の疲れを払いのけ、すっかり元気を取り戻した。

ジョフレ一家総出の行き届いた温かいおもてなしに、私はとても心を打たれた。

ブルゴーニュ・ワインとブルゴーニュ公

会食の席や、パーティなどで、ワインが好きな人と出会うと嬉しい。ブルゴーニュ派ですか、ボルドー派ですかと、ついたずねてみる。ブルゴーニュ好きの人であれば、もう、たちまち話が弾む。偶然、親しい友に街角で出会ったかのようなのだ。

ご推察通り、私はブルゴーニュ派。といって、もちろんボルドーも好きだ。でも、ブルゴーニュのほうは、ただ好きというのではない。

恋している。

一九七〇年代の初め、ワインに関心を持ち始めたころ、ワイン産地への初めての旅行はボルドーだった。フランスのワイン雑誌「ヴァン・ド・フランス」の編集長だった故オデット・カーン女史が主催したボルドーワイン旅行に参加した。

シャトー・フィジャックをはじめいくつものシャトーを訪れ、目が回るほどたくさんのワインの利き酒をした。口に入るもの、見聞するもの、すべて初めてだった。参加者はフランス人に限らず、ベルギー人やオランダ人やスイス人などもいた。みんな堂々たるワイン通であり、初心者は私一人だけだったろう。まるで大人の中に子供が一人混じったかのような旅行であった。

ワインの知識やフランス語のレベルがおそまつだったのに、ワインを飲む場の雰囲気や、人々の顔の表情や、身振り手振りを観察しつつ、私は肌で多くのことを学んだ。

三泊四日の旅行中に味わったワインの中で、一番印象に残った味。それは、ポムロールのヴュー・シャトー・セルタンだった。その名を毎日、呪文のように唱えて、頭に刻み込んだ。それからというもの、何かの拍子にボルドーが話題になると、私はこのワインのことを口走り、たまに好きなボルドーワインは何ですかとたずねられると、無邪気に「ヴュー・シャトー・セルタン」と答えたものだ。

面白いことに、「ふーん」と言うだけの人と、「ほほう。あなたはこのワインを知っているのですか」と、目で言いつつ驚く人がいた。前者はこのワインをまったく知らない人であり、後者はかなりのワイン通。すでに飲んだことがある人だ。レストランでワインリストの中にこの名を見つけようものなら、生意気にも「飲みごろかしら」などとわざわざ口に出してみた。そのくせソムリエの顔がはっと緊張したりすると、私は内心でおたおたした。熱心に勧められたらどうしようとひるんだのである。

ヴュー・シャトー・セルタンはポムロール地区のワインの中で、ペトリュスに継ぐ名声を持ち、当時、貧乏人のためのペトリュスといわれていたらしい。このことをずいぶん後になって知った。ボルドーに続いてすぐ、私はブルゴーニュに向かった。

今度はソペクサ（フランス食品振興会）の紹介で、ボーヌ市にあるネゴシアン（ワイン商）のジョセフ・ドルーアン社を、勉強と取材を兼ねて一人で訪ねた。パリからディジョンまでは急行。ディジョン駅で地方線の小さな列車に乗り換えて、ボーヌ駅で降りる。パリからたっぷりと三時間半はかかった。現在は、TGV（新幹線）のおかげで乗り換えもなく二時間半で行ける（ちなみに、あの頃、ボルドー市までは列車で五時間。ボルドーは華麗な大都会であり、市街地に入るにしても、葡萄畑のある村や町までさらに時間がかかり、日帰り旅行は難しかった）。

葡萄畑が波のうねりのように続く「黄金の丘陵（コート・ドール）」の真ん中に位置するボーヌ市はワインの古都である。西にボーヌの丘、東にニュイの丘を持つ。人口は二万とちょっと。小さいけれど世界的に有名だ。ブルゴーニュの名だたるネゴシアンの酒蔵がひしめき、酒屋が多い。中世の城壁に囲まれた町であり、ひなびてはいるが、独特の活気がある。そしてブルゴーニュのワインと同じく、深い味わいに満ちた町だ。ワインが好きな人の巡礼地のひとつだろう。

カルノ広場を目指して、古い石畳の道を私は歩いた。街の中心地である。ワイン酒屋、カフェ、サロン・ド・テ、レストラン、アンチック店などに囲まれた広場の端の一角に、生鮮食料品市場があり、猫の額ほどの市場広場がある。その目の前に道を一つ隔ててブルゴーニュきっての観光名所であるオスピス・ド・ボーヌ（ボーヌ施療院）の入り口が見え、市場から数分のところにワイン美術館やノートルダム大聖堂がある。いずれも中世に建設された建物であり、まわりの民家にしても屋根に苔が生えていたりする。右を見ても左を見ても、目は驚くばかりだ。

ジョセフ・ドルーアン社はノートルダム大聖堂とワイン美術館の間にある。ドルーアン社のワインは品質の優れていることでいずれも名声が高く、ワインを知り始めたばかりの私はとても緊張した。身を小さくしてオフィスに入ると、係の人がさっそく酒蔵に案内してくれ、地下に降りた。

陽の光を浴びた目には、すぐに先が見通せないくらい暗くて広い。そして通路はまるで迷路のようだ。ローマ時代にさかのぼる古い酒蔵や、社に隣接するワイン美術館の酒蔵なども併合されているらしい。

壁も天井も綿のようにふわふわした厚い黒カビに覆われていて、一瞬ぎょっとした。係の人はそれを見抜いたのか、「この黒いカビにはペニシリンが含まれていて、ワインの熟成にとてもいいのですよ。この酒蔵を訪れたあるアメリカ人は眉をひそめて、なんて不潔なのだ、洗ったらどうですかと言いましてね。笑い話になっています」とやんわり言った。係の人は、私がワインの初心者であることも軽く見抜いていたに違いない。

この日、私は若いシャブリとクロ・デ・ムーシュを飲ませていただいた。これは嬉しかった。とりわけジョセフ・ドルーアン社がもっとも誇りとしているクロ・デ・ムーシュの白を味わえたことはこの上もない機会だった。ワインを飲み始めたばかりの私にはもったいないおいしさであり、かけがえのない出会いとなった。

これ以後、無意識のうちにクロ・デ・ムーシュの味わいが、あらゆる白ワインを飲むときの物差しになっていたように思う。クロ・デ・ムーシュはかすかに白い牡丹の花の匂いが香り、清らかで、繊細で、気品のある味わいだ。このワインが口中にある時、高山にある清冽な小川の水が陽を浴びてキラキラ輝きながら流れている光景が目に浮かんでくる。

クロ・デ・ムーシュの葡萄畑はボーヌの丘にあり、ワインは一級に格付けされている。ボーヌ産というと、赤ワインが圧倒的に有名であり、まろやかなおいしさのワインとしてすでに古代ローマに名を響かせ、千年以上も前から極上のワインとして知られてきた。その中で白ワインの生産量はほんのわずかであり、このワインは貴重な存在だ。

クロ・デ・ムーシュは今でも私の一番好きな白ワインのひとつである。二〇一五年の暮れ、パリのボージュ広場の一角にある「アンブロワジー」で夕食をした折、ワイン・リストの中にこの名を見つけた時の喜びといったら。ぱっと心が躍り、料理よりも先にこのワインを選んだ。ミレジムは二〇一三年。

ソムリエからアペリティフにシャンパーニュを勧められたが、クロ・デ・ムーシュの味でまずは喉を潤したかった。アペリティフの一杯として喉を湿らせ、ゆっくりゆっくり楽しんだのである。前菜にもこのワインを飲み継いだ。主菜も赤ワインもデザートもおいしかった。それなのに、今、覚えていることといったら、クロ・デ・ムーシュだけなのである。よほど有頂天だったに違いない。


ボーヌに話を戻そう。

ドルーアン社を出ると、ワイン美術館に足を向けた。

木造の瀟洒(しょうしゃ)な古い館である。少しも美術館らしくない。いかにも由緒ありげな風情に惹かれて、館の外壁の木組みやしゃれた窓枠の仕立てに見とれた。眺めているだけで心地よい。建物は中世のブルゴーニュ公の館だったという。

そう聞いても、ブルゴーニュ公について、私には一片の知識もなかった。ただブルゴーニュの領主だったのだろうと単純に思い、それ以上、何かを知ろうともしなかった。でも、中世とはいえ、領主の館にしては佇まいが慎ましい。宮殿ではなくて、狩猟や領内の遠隔地などに向かう折、宿泊などに利用する館のひとつだったのだろう。

ところで、ブルゴーニュのワインを飲みつつ、おいおい知ったことは、ブルゴーニュ公家はフランスの王族であり、大変な名門であり、大領主であることだった。とりわけ、一四世紀後半からのほぼ百年間、ヴァロワ王朝時代の四代にわたるブルゴーニュ公家の繁栄は華々しい。フランス王家をしのぐ豊かさで、ヨーロッパに豪奢な輝きを放った。その経済の土台はワイン交易にあり、ブルゴーニュ公の最大の財産のひとつは黄金の丘陵に存在する極上の広大な葡萄畑であったろう。

たとえば、ヴォルネイの赤ワインのクロ・デ・デュック。クロは囲いの意味であり、デュックは公のことである。つまり、公の囲い地、すなわちブルゴーニュ公の葡萄畑であり、そこからは極上のワインが生まれた。クロ・デ・デュックは黄金の丘陵のボーヌの丘やニュイの丘のいたるところにあった。現在は名前が変わってしまっているけれど、特級や一級のワインのなかで名声が高いのは、かつてクロ・デ・デュックの葡萄畑であったところが多い。ヴォルネイ村はドメーヌ・ランジェルヴィル社の赤ワインで、一級のクロ・デ・デュックが唯一、その名を残している。

私はヴォルネイの赤ワインが大好きな一人であり、このクロ・デ・デュックを飲むという恵まれた機会があれば、幸福の一つに数えている。

それは透きとおったルビー色であり、繊細な味わいはたとえようがない。イメージでいえば、パリのクリュニー中世美術館のタピスリー「貴婦人と一角獣」の優美な貴婦人のようなワインである。だから、このワインを口にすると、私の目には、タピスリーに織り上げられた貴婦人の姿が自然に浮かんでくる。

余談になるけれど……。

数年前、クリュニー中世美術館きっての宝物である「貴婦人と一角獣」が、展覧会のために日本に外出した。よくもまあ貸し出したものだ。でも、これは日本に対するフランスの信頼の高さを語るものではあるまいか。そう思って、私は鼻を少し高くした。日本での展覧会は大成功で、入場者数は、クリュニー中世美術館の年間の入場者数を上まわったそうだ。

展覧会を終えてパリに戻ってきた直後、タピスリーを見に行くと、以前に比べて見違えるほど色彩が鮮やかであり、私は目を疑った。ひょっとして、日本には何か先進技術があって、そのおかげで修復されたのではないかと思ったほどだ。係の人に聞いてみると、中世にタピスリーの生産地として有名だったベルギーで洗浄された後、日本に向かったそうだ。

このタピスリーは作家のジョルジュ・サンドがクルーズ郡のブサック城で見て感動し、一八四四年に、小説『ジャンヌ』の中で絶賛した。後には、高級誌「イリュストラスィオン」に紹介。その頃、プロスペル・メリメは歴史記念物の審査官をしていて、国が買い上げることを提案した。

国はその実現に三十九年もかかった。いずれにしてもあまりよい状態ではなく、特に下部がぼろぼろであり修復された。今回の洗浄でその修復された部分があらわになった。が、そこだけ色が褪せているのである。洗浄の折、色が落ちたようだ。一九世紀の糸の染色技術の質は、中世の染色技術に遠く及ばなかったのである。

ブルゴーニュ公家の初代のフィリップ豪胆公はヴァロワ朝のフランス王ジャン二世を父に持ち、その父が亡くなると、長兄がシャルル五世として王位を継いだ。フィリップ豪胆公は青年時代から王家の威光に輝いていた。シャルル五世は賢王としてフランスの歴史に知られているが、フィリップ豪胆公も度量の大きい人だったようだ。

前カペー王朝のブルゴーニュ公家に後継ぎの男子がなく、公領はヴァロワ王家に返されて親王領になり、一三六三年、フィリップ豪胆公が新たにブルゴーニュ公を継いだ。その時、フィリップ豪胆公はブルゴーニュの首都であるディジョンに宮殿を新築した（その宮殿は、現在、ディジョンの市役所と美術館になっている。が、中世のころの面影はわずかにしか見られない）。

一二世紀、すでにディジョンはヨーロッパの各地からブルゴーニュ・ワインを買いつけに来る商人で賑わい、「ワインは黄金である」といわれていた。ディジョンの郊外は今、お世辞にも美しいとは言えない町に変貌しているが、当時は大衆用のワインが作られる葡萄畑に覆われていた。ディジョンの目と鼻の先にあるシュノーヴの町の美術館には、ブルゴーニュ公の立派な木製の葡萄圧搾器が現存している。フィリップ豪胆公はワイン産業の重要さをいち早く見抜き、葡萄栽培者の面倒をよく見たものらしい。

中世の初期には、誰もかれもが毎日ワインを飲んだそうだ。ワインを飲めることは経済的に余裕がある証拠であり、それを自慢するために、見せびらかして飲むこともした。ワインが飲めることは男らしさのシンボルとも考えられ、正体をなくすまで飲む人も多かったらしい。それに、現在のワインはアルコール度数が低くても一二度はあるけれど、当時は七度から一〇度ぐらいではるかに飲みやすかったようだ。女性や子供を除くと、一人一日、四リットルぐらいは軽く飲んだという。

そういったワインは酸っぱい白ワインで、大衆的な安ワインだったが、中世の人たちは酸っぱさを好んだという。酸っぱいものは腐らないという理屈で、健康に良いと考えられていたようだ。水を消毒するかのようにワインで割って飲む人もいた。中世のころは衛生状態が不安定で、ペストやその他の病気で命を落とす人が多かった。この話を知った時、私は日本の梅干しを思い出したものだ。もっとも、水をワインで割って飲むという風習は、ごく最近まで続いていたらしい。

パリの金持ちたちは自分の庭で葡萄を栽培してワインを作り、自家製のワインを飲み、自家製のワインで人をもてなすことを誇りとしていた。王家でもシテ島の宮殿の庭園で葡萄を栽培していた。もっともこれは使用人用のワインを作るためであったらしい。パリの家に庭がない人は、パリからそう遠くないところに土地を買って葡萄畑にした。広い庭園を持つ修道院や寺院も、ミサのためや経営のためにワイン作りを競った。いずれも販売することが許可されていたのである。

とにかく白ワインの流行ぶりはたいしたものだった。

赤ワインのほうは、王侯貴族と金持ちのワインといわれた。高級ワインであり、醸造が難しく生産量も少なかった。色も現在のような赤ではなく、薄紅色だったようだ。

一三世紀の終わりごろ、ボーヌのワインが最高の赤ワインであると広く評価され、国王の食卓に頻繁に登場していたという。フィリップ豪胆公はブルゴーニュの赤ワインの品種をピノ・ノワール種に選定し、赤ワインの生産と宣伝と販売に格別の情熱を注いだ。

黄金の丘陵のワインが最高の栄誉に値するのは、「滋養強壮という点で、王国中それに勝るものがないからである」と、一三九五年の勅令で言明しているほどだ。

六百年も前に、今日の「世界的な高級ワイン、ブルゴーニュ」への道を開いたのは、フィリップ豪胆公だったのだ。

ワイン美術館の後は、オスピス・ド・ボーヌへ。

オスピスまでの道を、バゲットにハムを挟んだサンドイッチをかじりながら歩いた。すると、今さっきドルーアン社で酒蔵の案内をしてくれた人にばったり会ってしまい、その人は「やあ、昼食ですか」と言いつつ、ほほ笑みながら去っていった。彼は昼食のために自宅に戻るところだったのかもしれない。この頃は、パリでもサラリーマンは自宅に戻って昼食をとる人が多かった。昼休みが今より長かったのだろう。私にとっては時間とお金を節約した昼食だったのだし、フランス人の真似をしたのだったが、学生でもあるまいしと、ひどくきまりが悪かった。以後、フランス人の真似は慎んでいる。

オスピス・ド・ボーヌは貧しい人々、旅人、巡礼者などの病気を無料で治療するために、三代目のフィリップ善良公の時代に建てられた施療院である。運営はオスピスが所有する葡萄畑からできるワインの売上代金で賄われてきた。今もちゃんとその事業は続けられている。ただし、一九七〇年代の初めに、近隣に新しくモダンな建物を建設して移転した。その後一九七四年から、オスピス・ド・ボーヌの建物は歴史建造物として一般公開されている。

　修道院にも似たオスピスの小さな入り口をくぐると、ゴロゴロした石畳の「名誉の中庭」があり、その周りを中世のブルゴーニュ風の建物が囲んでいる。

　まず建物の屋根に度肝を抜かれる。レンガ色、黄金色、苔色、黒色の光沢のある瓦を幾何学模様に組み合わせた屋根は、まるでニシキヘビの皮を張り付けたかのようなのだ。

　黄金の丘陵を車で走れば、どの村にも、このブルゴーニュ風のカラフルな屋根を葺いた古い教会や、旧家や、役場などがある。今でこそ私の目にはなじみの屋根だが、初めて見た時の驚きはちょっと形容できない。だが、この屋根のせいか、オスピスは明るく陽気に見える。それでいて、中庭の四方の建物をつなぐ回廊はじつに優美で、静かな趣だ。

「貧しい人々の間」と名付けられた病室のある「神の館」は、講堂のように広い。美しい祭壇。木の梁と丸天井の見上げるような高さ。高い窓。左右のベッドの間のゆったりとした通路。一つ一つのベッドに深紅の厚い羅紗（らしゃ）のカーテンがかかっている。白いシーツに、深紅の毛布。ベッドわきには椅子と小テーブル。なにもかも清々しい。

「貧しい人々の間」にはいると、完璧な美しさに誰でも打たれる。

その美しさと完璧さは創設されるや評判になったに違いない。医療設備も素晴らしく、治療の水準も世評が高かった。ルイ一一世、カトリーヌ・ド・メディシス、ルイ一四世を始め歴代の王や高貴な身分の人々がわざわざ訪問していることからもうかがえる。

どの王様も「病気になったら、ここで治療を受けたいものだ」と、心底から羨んだのではないか。それに、食事も栄養たっぷりでおいしかっただろうと、私は思う。調理室がまことに見事なのだ。設備といい、その機能といい、美しさといい、私には夢のような調理室だ。

それからまた、オスピスの地下にある酒蔵の立派さ、堂々としていること。これこそがワインの酒蔵なのだと、見て感激する。これはブルゴーニュびいきのえこひいきの証であるかもしれない。なぜって、正直にいえば、ボルドーの有名な高級ワインの酒蔵を訪れると、あまりのモダンさに私はたまげてしまうのだから。目が飛び出し、身体が宙に浮くように感じる。そんなところが多い。いずれも名のある建築家たちの作品であり、まるで酒蔵建築コンクールである。

オスピスはワインのおいしさにも定評があった。自前の上等の葡萄畑を所有し、専門の醸造家を抱えていた。なにしろこのワインを販売して、自力で悠々と運営していたのである。

貧しい人々が対象だったが、のちには貴族や富裕な人々の治療もした。そういった人々は、オスピスに葡萄畑や黄金や美術品など、莫大な財産を惜しげなく寄付した。現在、黄金の丘陵のあちこちにオスピスが所有する葡萄畑は六〇ヘクタールにも及ぶ。しかも、特級や一級に格付けされた葡萄畑が多いのである。

一八五九年から、その年にできた新しいワイン（新酒）は競売にかけられるようになった。競売会は、毎年、一一月の第三日曜日と決まっている。槌（つち）を持つのはクリスティーズ社。著名人や俳優や歌手などの人気者が司会をし、この競売会の熱は上がるばかりである。

競売の会場は、オスピスの向かいの生鮮食料品市場であり、おそらく世界で一番有名なワイン競売会だろう。なにしろ、一流のワイン商や、辣腕の仲買人や、熱狂的なワイン好きが世界の各地からわっと押し寄せてくる。

フランスではオスピスのワイン競売の様子はテレビで報道されるし、どの葡萄畑のどの樽がいくらで競り落とされたかが注目され、新聞や雑誌の記事になる。というのも、その年のワインのでき具合の格好の物差しになり、それはその年産のワイン価格に影響するという評判がもっぱらだからである。ワインの専門家によるその年のワインの評価が推定されると言ってよい。

この日は、オスピスの酒蔵が一般にも開かれ、樽に入った新しいワインの利き酒ができる。で、酒蔵はむせかえるほどのワインの香りが漂う。入場料を支払い、秋の深まりを感じさせる寒空の下で長い長い行列に加わり、辛抱強く待たなければならないけれど。でも、その年産のワインの評価や飲みごろや将来性を自分で予知する楽しみがある。

オスピスを取り巻く界隈は、押し合いへし合いさまざまな言語が飛び交い、いっぺんに国際的な祭りの賑わいを見せる。

ここに書いた初めてのボルドーとブルゴーニュへの旅行は、今からざっと四十年も昔のことである。

その後もボーヌには、気が向くと足を運んだ。日本にいたころ、東京から京都にぶらりと日帰り旅行を楽しんだように。

オスピスは建物そのものが中世の宝石箱ともいえるけれど、その中身の芸術品も一級の宝物だ。そのうち最も有名なのは、ロヒール・ファン・デル・ウェイデン作の「最後の審判」の祭壇画であり、いつも、この絵画の前は黒山の人だかりである。聖ミカエルが手に天秤を持ち、両の秤皿に裸の人間をのせ、天国行きか地獄行きかを測っているのを見つめている人たちが描かれている。誰もが裸になって秤皿の上にのり、自分はどちらかなと考えている。そんな様子に見えてしまう。

それから緻密に織られた極上のタピスリーのすべてが素晴らしい。とりわけ、ミル・フルール(千花)や聖エロワと処女。夢想的な絵の愛らしさに惹かれるが、色彩の美しさにため息が出る。中でも、青。四百年も昔のものとはとても思えない。中世の染色技術は、現代よりもずっとすぐれていたそうだ。

ボーヌに行くたび、私の足はオスピスに向かった。カルノ広場とオスピスの周りに色々と興味ある場所があった。

たとえば、ある大手のネゴシアンが経営していたワイン市場。入り口を入るとすぐに地下の酒蔵に降りる階段があった。酒蔵は薄暗く、建物の外観からは予想もつかないほど広い面積だった。そのワイン棚がずらりと並び、黄金の丘陵で作られる有名な名前のワインが勢ぞろいしていた。そのネゴシアンが競り落としたオスピス・ド・ボーヌ産のワインもあった。ところどころに、テーブル代わりをしている使い古しのワイン樽があり、そこにはすでに栓を抜いたワインの瓶が何本もあり、自由に利き酒を楽しめたのである。そのワインが気に入れば、そこで買って帰ることもできた。オスピスを訪れる観光客が目当てだったのだろう（ワイン市場は経営者が変わっているが現在もある。有料）。

ともあれ、ヴォルネイもポマールもボーヌも、ジュヴレ・シャンベルタンもシャンボール・ミュジニーも、私はここで初めて味わったように思う。決して上質のワインとは言えなかったが、大変にありがたい存在だった。ワインの味の多様さを、ここで手っ取り早く知ることができた。ボーヌには有料あるいは無料で利き酒できる店や場所がたくさんある。

カルノ広場に面したボーヌきってのワイン店「カルノ」に入るのも、楽しみだった。その頃、ここのワイン棚にはロマネ・コンティを始め、黄金の丘陵の高級ワインが年代物を含めてたくさん置いてあり、そういったワインのエチケット（ラベル）を実際に目にするだけで胸が高鳴ったものだ。眺めるだけで店を出ることも多かった。ここで初めて買ったワインは、クロ・デ・ムーシュの白の一本である（カルノは今もあるが、ワインは醸造家のものでなく、ネゴシアンのものばかりに変わった）。

とにかく街をひたすら歩き回った。あのころはアンティーク店やガラクタ屋もたくさんあっていちいち覗いてみたし、ふつうの民家の表情を見るだけでも心が弾んだ。同じ石造りの家でも、パリのオスマン風の味けない建物に比べると、ボーヌの中世の古い民家の街並みのほうがずっと雰囲気があって興味深い。民家の一軒一軒、入り口の古びた樫の木の重そうな戸や傷んだ扉の意匠を仔細ありげに眺めるだけでも面白かった。昔の人は、その意匠を見て住人がどんな人であるかを推察したのだろうか。

見知らぬ街を歩く時、地図は手にしても、ガイドブックは持たない。買いもしない。いつでもどこでも私は自分の足と、自分の目で発見したものを楽しむことにしている。

ボーヌにあるブルゴーニュワインの醸造家協会が主催するワイン講座にも参加した。そのうち、ドメーヌ・ド・ラ・ロマネ・コンティの醸造長のアンドレ・ノブレ氏（現醸造長のベルナール・ノブレ氏の父）にも出会った。彼は何か教えてあげようという素振りは微塵も見せず、「このワインは何年産かな？　どう思う」と言って、私が何か言うまで、にこにこしていた。

二十年前には、私はニュイの丘の背後にある一ヘクタールの葡萄畑の面倒を見て、ワイン作りも経験した。今は、黄金の丘陵にある美しい村の片隅に小さな家を借りている。そこにしょっちゅう出かけては、葡萄畑の海を眺め、おいしいワインを飲むことを楽しみにしている。

とびきり愉快なグルジアの古いワイン文化

つい最近、たった今気づいたかのように「本当にワインがお好きなのですね」と酒屋の女主人が言った。家から目と鼻の先にあるこの店で、私は時折ワインを買う。二十年も前からだ。私がブルゴーニュ好みか、ボルドー好みかも、まだ気づいていまい。ふだん、女主人は愛想笑い一つ見せず、木で鼻をくくったような客あしらいだから、その日は何かいいことがあったのだろう。

それなのに、「ええ、まあ」とでも言っておけばよいものを、「パリに住んでいるのはおいしいワインが飲めるからですよ。ワインのないフランスに、外国人の私が住めるものですか」と、言い返してしまった。少し能天気な女主人はいつものように何の反応も見せなかったが、私は自分の啖呵(たんか)にびっくり。こんなこと、ふだんから頭の中に醸していたわけではない。ひょいと口を衝いて出てしまったのである。

その日の夕食の折、私は酒屋での一件を夫に話した。果たして「じゃあ、君はフランスのワインと結婚したとでもいうのかい」と、夫は眉をひそめてみせた。

酒屋からの帰り道、私は自分の言ったことの意味を考えた。確かに、外国人なのに今までフランスで気安く暮らしてきた。フランスのおいしいワインをふんだんに味わって楽しんできた。言いかえれば、フランス風のワイン文化を持つ人々の暮らし方や生き方が気に入って、すっかりなじんでしまったといえる。仮に、突然何かの理由でフランスにワインがなくなってしまったら、フランス人はあの軽妙洒脱な人柄を失い、皮肉っぽさや面白さを失くすにちがいない。私のパリ暮らしも目に見えて味気ないものになるような気がする。

フランス人特有のおしゃれで軽やかな気質は、二千年以上もワインを日々飲み、ワイン文化を育みつつ、そのワイン文化に磨かれてでき上がった賜物にちがいあるまい。フランス人だって初めから洗練された魅力を持っていたわけではないようだ。

二千年ちょっと前に、フランス（ガリア）を征服した古代ローマの武将のカエサルは「フランス人は野蛮だ」と言った。ちなみに、フランス人のワインの飲み方の豪快さとワイン好きは、遠くギリシャやローマに聞こえていた。アンフォラ（ワイン壺）一個を奴隷一人と交換していたのは、カエサルに征服される前の話かしら。フランスのワイン作りが本格的に始まったのは、ローマに征服された後からである。

フランスのワイン作りの歴史はたかだか二千年。でも、世界を見渡せば、カスピ海と黒海に挟まれたグルジア（現ジョージア）やアルメニアは約七千年から八千年の歴史を持ち、世界で初めてワインが作られた地だとされている。どちらの国からも、地中に埋められたワイン用の土器の甕（かめ）や大きな木をくり抜いた葡萄圧搾器やワイン用の葡萄の種子など、古代にワインが作られた場所の遺跡が考古学者によって発見されている。

アルメニアは知らないが、グルジアには二〇〇三年と二〇〇八年の二回、葡萄摘みの季節に旅行した。葡萄畑、ワイン作り、ワイン工場、ワイン博物館、現在も大昔のやり方でワインを作っている古い修道院、古い民家などを見学して回り、ワインの利き酒もたっぷりと楽しんだ。この国の人々とじかに話し、笑い、一緒に食べて、飲んで、歌って、踊って楽しんだ。人間とワインのつながりの古さと深さをどれほど肌で感じさせられたことか。

太古、グルジアには数え切れないほどの野生の葡萄が野山におい茂っていた。今でもワインになる葡萄の品種は四百種類以上にも及び、醸造家は葡萄畑に自分の好きな品種の葡萄を植えることができるという。フランスのように産地別に、葡萄の品種が厳しく統制されていない。

葡萄は実も葉も蔓(つる)も、美しい。このことだけでも葡萄は人を惹きつけずにはおかない。おまけに、葡萄の皮はうすくて、果実は小粒で口に入れるのにちょうどよく、食べやすい。嚙めば汁がほとばしる。甘かったり、酸っぱかったり、渋かったり、味の種類が豊富だ。人はあっちの葡萄こっちの葡萄と、味に特徴のある葡萄を探しながら、飛び回っただろう。八千年以上の昔、葡萄の汁が偶然発酵してワインになっているのを、初めて味わった人の驚きは想像するに余りある。自然に身も心も弾み、快くなる飲み物なのだ。人はたちまちワインに魅せられ、少しでもおいしい優れたワインを作ろうと夢中になったにちがいない。ワインの長所や欠点だってすぐにわかっただろう。ワインを発見して以来、人はワインから片時も離れず、鼓舞されつつ成長し、歴史をも刻んできた。

ワインがコーカサス山脈の丘陵地帯のグルジアやアルメニアで育まれ、黒海近辺のイランでも育ち、平地のメソポタミアやエジプトで飲まれるようになった時は、すでに洗練された飲み物に成長していたようだ。とりわけ特権階級がワインを嗜んだ。ワインは高価で高級な飲み物であり、庶民には手が届かなかったのだ。庶民階級はもっぱらビールを飲んでいた。そして、オリエントの特権階級はワインを神事や政治の道具の一つとして利用した。

エジプトでは三千五百年ぐらい前の高級官僚の墓で、ワイン作りの手順が詳細に描かれた壁画が発見されている。専門家によれば、現在のワイン作りの手順とあまり変わりがないらしい。私は本に載っている写真でしか見たことがないけれど、じつに楽しい。例えばステンレスのワイン貯蔵器より、土器のアンフォラの列のほうがはるかに趣がある。

ところで、グルジアでは、ワインはずっと庶民階級にも飲まれてきたのではないか。もちろん、特権階級は最上のワインを飲んでいたのだろうが。この国では簡単にワインができてしまう。気候が良くて地味が肥えているから、肥料などなくてもおいしい葡萄の実がたわわになる。家庭でワインができる。実際、偶然に、私はそうしたワイン作りの光景に出会った。

グルジアへの最初の旅のとき、首都のトビリシに近い河辺にあるレストランに入ると、庭にもテーブルがいくつかあり、私たち一行はその一つを占領した。その庭の大きな木の下が、何やら賑やかだ。縦に半割りにした古い丸太が見える。そこへ髪を三つ編みにした若い女性がどこからかバケツを運んできた。丸太のそばに立っていた男性がそのバケツを受け取った。バケツの中身は葡萄だった。私は思わず席を立って見に行った。丸太は中がくり抜かれていた。端に一人の青年がいて、くり抜いた丸太の中に置かれた四角い箱の手動ハンドルを一所懸命に回している。箱の中には葡萄が入っていて、葡萄汁は丸太の中に流れ、丸太の樋から地面に置かれたプラスティック製の桶に落ちる。私の見た光景はこれだけだが、桶にたまった葡萄汁は地中に埋められた土器の甕に移され、ふたをされるだろう。そのままほうっておけば葡萄汁はアルコール七度ぐらいの軽いワインに変身する。甕は物置のたたきに埋められていよう。

手動ハンドルが付いた四角い箱はミニ葡萄圧搾器であり、初めて見た。これはグルジアの庶民に一般的に使われている製品なのか、この家のオリジナル製品なのかわからない。なにしろグルジア人は自動車の部品さえ自分で作ってしまうのだから。昔は丸太の中に人が入って足で葡萄を踏んだ。葡萄の木、あるいは葡萄畑は庭のすぐそばにあるのだろう。私の目には一家そろってのワイン作りに見えた。聞いてみたいことがいっぱいあったが、グルジアの言葉はまったく知らず残念だった。せめてその場に長くいて、手順の最後まで見物していたかったがそれもできず惜しいことをした。半世紀ぐらい前には、日本でも味噌や醬油を家庭で作る人たちがいたことを思い出した。

小さな村のある民家を訪ねた時は、昼食をすませた後だった。「まあ、お茶でも一杯どうぞ」と言われて通された部屋はどうも食堂らしかった。部屋の真ん中に長方形の立派な食卓があり清潔なナプキンがかかっていた。そこで出されたのはお茶ではなくカラフ入りの白ワインだった。ガラス製のグラスではなく立派な牛の角杯が出された。しかも一リットル入るという大ぶりのもの。おもてなし用だという。驚く間も、拒む間もなく、気がつくと、私の手には角杯があり、ワインがなみなみと注がれた。

ひとくち、口に含む。もう、なじみの味。この日はグルジアに来て四日目だったが、私はすでにこのワインの虜になってしまっていた。食事の時、この白ワインがないと物足りなく思うほど。初めて飲んだ時は、利き酒のスタイルで飲み、なんだか変な味と思った。二度目に飲んだ時に、おやっと目を丸くした。おいしいのだ。爽やかさの中にわずかな苦みを感じる。微妙に舌を刺す。すっと軽やかに喉を通る。水のように飲める。

でも角杯に注がれたワインは、これまで飲んだ中で、一番おいしい。軽いのに豊潤なうまみが感じられる。で、私はきれいにとくとくと飲み干してしまった。このワインはアルコール度が低く、七度ぐらい。ビールのアルコール度とほとんど変わらない。でもビールのようにおなかが膨れないし、すぐに酔いが回ることもない。

飲んでいる間に、食卓は魔法がかけられたかのようにごちそうを盛った皿で埋まった。空になる皿があるとすぐにおかわりが運ばれてくる。すべてが丹念に作られたおいしい料理であった。なんのことはない。私たちはまるで朝から何も食べていなかったかのように、軽々と二度目の昼食をこなしたのである。食事の後、母屋に続く納屋に案内され、主は地中に埋まった土器のワイン甕のありかを見せてくれた。丸いふたのまわりの縁の厚みや、ふたの直径から推して甕は相当に大きそうだった。

私たちは、時折、立派なラベルの付いた瓶入りのワインも飲んだが、正直なところおいしくなかった。一体に、ワイン甕から柄杓(ひしゃく)で汲みとってカラフに入れた自家用の白ワインのほうがはるかにおいしく、軽くて、消化がよくて、健康的なのだった。

ある農家では、シャシリク（羊肉を長い金串に刺し直火であぶる焼肉）をごちそうになった。その辺のレストランで出てくるような代物ではない。庭続きにある葡萄畑からとってきた葡萄の木の枝をじゃんじゃん燃やし、その火であぶって焼いた本物のシャシリクである。長い串に刺された羊の肉に葡萄の木の香りが移り、そのおいしさといったら。あとにも先にもあんなにおいしいシャシリクは食べたことがない。ここの葡萄畑は無農薬。化学肥料はいっさい使っていないそうだ。昔はボルドーでも、骨付きの牛のステーキを葡萄の樹の枝で焼いていたものだ。

パリに戻る前日、ある醸造家を訪ねると、帰りしなに葡萄の房をいっぱいつけた枝を惜しげなく切って、パリへの土産にと言ってくれた。両腕に抱えるほどどっさりと。フランスでもずいぶんと醸造家を訪ねているが、こんなことは一度もない。思いもよらないことだった。

滞在中、私は日に五回から七回の食事をした。夜はきまって宴会であり、夜中まで続く。夜の宴会と昼食の違うところは、夜は「タマダ」と呼ばれる司会者がいて、乾杯のあいさつをする。そして、次にあいさつを述べるタマダを指名する。指名された人はすぐにまた乾杯の音頭をとり、あいさつの辞をのべ、次のタマダを指名する。そしてまた次のタマダへと、次から次へと続く。

あいさつの辞はありきたりではない。詩の披露もあれば哲学の話や文学的な小話もある。なにやら、プラトンの『饗宴』をしのばせる。一説では、ギリシャがグルジアのこの饗宴のやり方を真似したものという。タマダの話はそれぞれ長く、その間、出席者は陽気に食べて飲む。料理は肉料理、魚料理、卵料理、野菜料理、チーズや牛乳の料理など実に盛りだくさんで、料理の盛られた皿は食卓のクロスの布地を余すところなく覆い隠してしまう。そうするのが、宴会を催す家の主婦の義務とされ、礼儀とされているらしい。

面白いのは、昼食も夕食も、レストランで食べるにせよ家で食べるにせよ、料理の内容や種類がほとんど変わらないことだ。違うのはその料理が上等か普通かだけである。ワインについても同じことが言える。

こういう食事を十日間。どれほど飲んでも食べても、おなかも頭もスッキリ。私はただの一度も具合が悪くならなかった。まるで魔法のような料理とワインの組み合わせだった。料理は目新しいものやオリジナルなものではなく、根底にワインをおいしく飲むために、ワインをたくさん飲めるように、そして消化をよくするようなおいしいものが望ましいという考えがあって、作られているように思う。これは、宴会好きのグルジアの人々が八千年という長い長い時間をかけて練り上げたものと思われる。

ワイン文化は料理なしにはあり得ない。グルジア人の暮らしのあちこちにグルジア風のワイン文化が見てとれる。とても庶民的だし、街じゅうにあふれている。宴会やおもてなしの場だけでなく、街を歩けば、葡萄がデザイン化された装飾の鉄の門や鉄柵をたくさん見かけるし、教会や修道院の一番美しい装飾のモチーフは葡萄である。

実は二度目にグルジアに出かけた時、一回目に案内してくださったトビリシ大学教授のニコ氏はすでに亡く、私と夫は残された夫人と、ニコ氏のお墓参りをした。その時、夫人は料理とワインを携えてきていた。祈りの初めに、夫人はワインで十字を描きつつ乾いた地面を湿した。涙が出そうに、心に染みる光景であった。

私の印象では、グルジアのワイン文化は、フランスのそれよりも庶民の暮らしに深く密着していると思う。

フランスのワイン文化は華やかで洗練されている。ある意味でスノッブでもある。それは特権階級からだんだんに庶民階級に降りてきたからなのかもしれない。美食の国として名声が高く、フランス料理は二〇一〇年にユネスコの無形文化遺産に登録されている。その美食にしてもおおいにワインに育まれてきたのであり、ワインの存在なくしては考えられない。

ブルゴーニュやボルドーやシャンパーニュをはじめ、各地方にワインの名産地があり、そこから生まれるワインの数々はフランス人に限らず世界中のワイン好きの舌をうっとりさせている。そういうワインの産出がフランスはよそのワイン産出国より群を抜いて多い。世界中のワイン好きがフランスのワインの奪い合いをしているのである。

フランスのワイン作りはスタートが遅く二千年の歴史だが、世界一の折り紙つきのワインを世界一多く生み出しているのではないか。そして全体的においしさの水準が高い。

気候や土壌などに恵まれたせいもあるけれど、何と言っても、よりおいしいワインを飲みたいと言う人たちやワインにいつも恋している人が、フランスには多いからだろう。

二回目のグルジア旅行には、ボルドー大学の醸造学の大家として知られるドニ・デュブールデュー教授がご一緒だった。

旅行中、「ワインを水を飲むごとく自然に、しかもこんなに楽しく飲んだのは初めてだ」と、教授はいかにも愉快そうにおっしゃった。仕事柄、ふだんはどんなワインであれ、色を見、香りをかぎ、味をみて批評しつつ飲んでいらした教授のこの言葉は、今でも耳に残っている。グルジアには利き酒のマネをするような人などまったくいなかったのである。

古いワインの利き酒――修道院の廃墟で発見された一本の赤ワイン

「私たちはみんな老人である。けれども、悲観することはない。年を経ておいしくなるワインもある。私たちは、そういう古いワインのようであればよい」と、枢機卿たちに語りかけたのはフランソワ（フランシスコ）法王である。なんて嬉しいことを！　老いはすべての人に平等にやってくる。どんな人だって辛い。先だって、友人の一人が「日々、無残」とさびしげに言い、それがじぃんと身に染みたばかり。「いいワインのように味わい深く熟成したい。おいしくなりたい」とは、私の秘かな願いだ。はかない願望と知りつつ、だいぶ前から胸の奥にしまってある。

二〇一三年三月一三日、カトリックの総本山であり、イタリアはローマに隣接するヴァチカン市国で、新しいローマ法王が選出された。それが七十六歳のフランソワ法王である。

復活祭の日。サン・ピエトロ広場は世界中からやってきた老若男女の熱心な信者たちで埋め尽くされた。法王は広場に面したヴァチカン宮殿のバルコンに現れ、人々を祝福した後、「よい一日でありますように。よいお昼ごはんを」と、腕白少年のように目をくりくりさせて締めくくると、広場にいた人たちの顔はいっせいにほころんだ。テレビ中継でこの光景を見ていた私も、思わず頬がゆるんだ。新しい法王は肩肘張らない流儀の人であるらしい。

いったい、古いワインとはどれほどの年数を経たものなのか。それは、どのくらいの量のワインを飲んできたか、飲んできたのはどんなワインか、どのような飲み方をしてきたのか、その人のワイン歴の豊かさや華やかさや深さによるらしく、答えは人によりさまざまである。ざっと二十年と言う人もいれば、最低三十年は寝かせたものでそれ以上に古いものと断言する人もいる。だが、五十年あるいはそれ以上という人もいるのである。

法王と同じ年齢であれば、文句なしに古い。七十六歳と言えば……手帳の裏の年齢早見表を眺めると、一九三七年生まれ。この年はワイン通の間で知られている当たり年である。ワイン好きなフランス人の中には、ワインの当たり年に生まれたことを自慢する人がいる。そのおかげで、いくつかの当たり年が頭に入っている。でも、法王は一九三六年の一二月生まれらしい。いずれにしても、そんなに年数がたったワインを飲む機会に恵まれるかどうか。仮に信じられないようなチャンスがあったにしても、そのワインが味わえる状態であるかは栓を抜いてみるまでわからない。

フランスでは、時折、とてつもなく古いワインの利き酒が新聞やテレビをにぎわす。たとえば、地中海の海底で眠っていた古代ローマ時代のアンフォラに詰められたワイン。これを味わった考古学者の話によると、まぎれもなくワインの味だったという。つい最近では、北欧のバルト海の海底から引き揚げられたヴーヴ・クリコ社の一八三九年ごろのシャンパーニュ。これはロシアへの輸出品で、ロシアに向かう途中、暴風のせいで沈没した船から見つかった。奇跡的にいくつかの泡が立ち上り、色は美しい琥珀色に輝き、匂いはパルミジャーノ・チーズと古いラム酒を混ぜたかのようで、味はといえばこってりとした甘さのロシア好みであり、ファンタスティックであったらしい。一九世紀はフランスでも甘口のシャンパーニュが主流だったけれど、ロシア向けほどではなかったろう。

私も、一度、胸がドキリとするような、そして少しばかりミステリアスな雰囲気に包まれた古いワインの利き酒をする幸運に恵まれた。

そのワインはブルゴーニュにあるサン・ヴィヴァン修道院の廃墟の瓦礫の中から、修復工事中に発見されたラベルのない赤ワインのひと瓶である。瓶はガラスを吹いた昔のもので、一八世紀ごろに作られたものらしい。サン・ヴィヴァン修道院は中世に権勢を誇ったクリュニー会の豊かな修道院の一つで、一八世紀末のフランス革命の折、めちゃくちゃに破壊された。その廃墟の酒蔵の一番奥まった暗い場所の瓦礫の中から見つかったワインと知ったとき、わあっと声をあげたくなるほど私は驚き、気持ちが高ぶった。

だって私はサン・ヴィヴァン修道院の廃墟をよく知っている。ブルゴーニュに家があった頃、好んで出かけた場所だ。天井が穹窿（きゅうりゅう）の石作りの暗い部屋を、鉄格子の扉の隙間から何度も覗いたことがある。その鉄格子の扉には錠がかかっていた。あのかまぼこ型の部屋を私は酒蔵と呼んでいた。ブルゴーニュの典型的な古い酒蔵の作りとそっくりなのである。奥のほうはよく見えなかったが、酒蔵は空っぽだった。

興奮が鎮まるや、色々な問いが頭の中を駆け巡った。まず、そのワインは飲めるかどうか。革命の前に作られたものか、それ以後のものか。そして素性は？

もしかして、ひょっとして「ロマネ・サン・ヴィヴァン」そのものかしら。現在、このワインはブルゴーニュが誇る特級の赤ワインの一つである。その葡萄畑はヴォーヌ・ロマネ村にあり、ロマネ・コンティ社をはじめ、ヴィーズ・ルロワ社、ルイ・ラトゥール社などが所有している。でも、革命の前はサン・ヴィヴァン修道院のものだった。葡萄畑の仕事も葡萄摘みも醸造も、みんな修道僧がしていた。「ロマネ・サン・ヴィヴァン」はサン・ヴィヴァン修道院のワインだったのである。だから見つかったひと瓶のワインが革命前のものだとすると、これはとほうもなく興味深い。それに、そっと白状すれば、ロマネ・サン・ヴィヴァンは私の最も好きな赤ワインの一つなのです。

一方で、なぜ、一本だけ見つかったのか、不思議な気がする。徹底的に破壊され、金品は強奪されたはずだ。酒蔵のロマネ・サン・ヴィヴァンなど、先を争って奪われたように思う。壁石のひとつひとつさえ、床のタイル一枚さえ、天井の梁なども再利用のために持って行かれ、身ぐるみはがされるありさまだったはずだ。どんな具合に瓦礫の中に紛れ込んだものか。その瓦礫の中には他に瓶の破片がたくさん混じっていただろうか。あるいは、よくない考えだけれど、そのひと瓶は盗品で、だれかがそこに故意に隠したものかもしれない。

革命の後、廃墟は民間人の手に渡り、幾人かの所有者を経て、現在はロマネ・コンティ社が管理している。その代表のオーベール・ド・ヴィレーヌ氏は、廃墟の修復協会の会長をしておられ、今回の利き酒の主催者でいらした。

利き酒は二〇一一年の一一月五日、午前九時。場所はヴォーヌ・ロマネ村にあるロマネ・コンティ社である。

私は胸を躍らせて、前日の午後、パリからTGVに乗り、ヴジョ村にある簡素なホテルに落ち着いた。このホテルには、窓から葡萄畑の見える気に入った部屋があり、なじみの宿泊先である。ヴォーヌ・ロマネ村にも近い。葉を落としている葡萄の木も多かったけれど、黄、赤、茶、橙の色に染まった葡萄畑がまだみられ、秋の色を久しぶりに楽しんだ。夏の葡萄畑は緑一色、秋に葡萄摘みが終わると、いつの間にか一面の黄金色。でも、晩秋にはひと雨ごとに、葡萄の葉は思い思いの色に変化し、いちばん風情がある。つい、私は日本の秋の色に思いを馳せる。サン・ヴィヴァン修道院の廃墟のあたりの錦秋(きんしゅう)の色調も美しい。

廃墟はヴェルジー村の小高い丘の上にあり、私は夫の運転する車でよく行ったものだった。いつもは村の子供たちと走り回って遊んでいた幼い頃の娘が、廃墟に出かけるときに限って私たちについてきた。

ふもとから続く上り坂の小道はぼこぼこと穴だらけ。右側は崩れかけた草ぼうぼうの石垣であり、左側は雑木や背の高い草がおい茂りそこにツタがからみついていたりした。数分の間、大げさにいえば私たちの車はジャングルの中の道なき道を行くようで、木の枝に車の屋根をたたかれたり、穴に落ちて揺れたり、車は埃を舞い上げてガタゴト音を立てて丘の上にたどり着く。そこには、修道院だった建物の一面の厚い壁が残っていた。壁石の隙間のいたるところから草が生えていたし、いくつかの窓枠がポッコリと空いていて、そこからは青い空が覗いて見えた。その壁の前に小さな葡萄畑があった。いつ行っても私たち親娘だけで、あたりはのどかでひっそりとしていた。葡萄畑やそのまわりやらを、私たちは自分の庭でもあるかのように歩き回った。鉄格子のはまった扉は、石壁の真ん中あたりにあった。親娘でこの廃墟の雰囲気がすっかり気に入っていたのである。

ある日、娘は廃墟の葡萄畑で蛤の美しい化石を拾った。手のひらに収まるぐらいの大きさで、ずっしりと重い。ブルゴーニュの葡萄畑で貝の化石を見つけるのは珍しいことではない。日常茶飯事だ。私はシャブリの畑でシジミのような化石を拾ったことがある。一億六千万年ぐらい前、ブルゴーニュは海底だったそうだ。蛤の化石がきっかけで、私も夫も地面に目を配るようになった。

夫は一七世紀や一八世紀のワインの瓶の底だの、口から首にかけての部分だののかけらを見つけるようになり、私は白とブルーの陶器の破片を見つけるようになった。多くは皿の破片で、明朝の染付の皿のように同じ模様の縁飾りが付いていた。それは明らかに手描きだが、どの破片も描き手は違っているように思われた。修道僧は日常に使う皿を、それぞれが自分で作ったのだろうか。そんな印象を与えた。地は白というより灰色をしていた。でも、花や鳥の絵が付いた上質の陶器の破片は青味がかった白で青色が美しかった。大皿、あるいは飾り皿だったのかもしれない。こういった破片から修道僧の日常を想像してみるのはちょっとした楽しみであった。でも私たち家族の間では、群を抜いて娘の目がよかった。娘はサン・ヴィヴァン修道院の銅製の紋章さえ見つけたのである。それは手紙や文書の蜜蠟（みつろう）の封印などに使われたようだ。
もう、十五年以上も前の思い出である。まさか、サン・ヴィヴァン修道院の名をこのような形で蘇らせる日が来るなんて、思いもよらなかった。

さて、昔の話はこれくらいにして、利き酒の日。

ロマネ・コンティ社の一室に集まったのは、十五人足らず。ディジョン大学の考古学者、地質学者、科学者、地元の新聞記者、古いワインの好事家、カメラマン、ド・ヴィレーヌ氏をはじめとするロマネ・コンティ社の関係者である。みんな静かで落ち着いていたけれど、誰の目も光っていた。

利き酒する瓶はところどころに粘土がこびりついていた。瓶は現代のものではなくて、いかにも古い。ブルゴーニュでは、酒蔵に寝かせておいた間に瓶についたほこりやカビは拭き取ってしまわず、そのままで食卓に出す。その伝統がチラリと頭をかすめた。

ド・ヴィレーヌ氏がまず栓の頭にかぶさっていた赤い蠟のシールを削り始め、途中でディジョン大学の科学者が全部を丁寧に削り取った。そして栓をゆっくりと抜きにかかり、栓の頭が三センチぐらい上がったところで手を留めた。あとは、私にとっては手品。いやいや、科学というものに目を瞠った。瓶はいつの間にかテーブルの上の透明なプラスティックの蚊帳のような風船の中にあり、科学者とその助手がビニールの手袋をはめて、風船の中に手を入れ、助手が瓶を押さえ、科学者が袋の中で栓を抜いた。ワインが空気に触れて酸化するのを防ぐための装置であるらしい。

このワインの成分の分析調査をするためであり、長いガラスのスポイトでワインを吸い上げ、ゆっくりと糸のように細く小瓶に押し出した。小瓶の数は三十六個。なんだか血液検査みたいだった。すでに分析調査されているロマネ・サン・ヴィヴァン一九一五年産と比較してみようという意図である。もし結果が似ていれば、サン・ヴィヴァン修道院が所有していた「ロマネ・サン・ヴィヴァン」である可能性が高く、奇跡的に残っていた貴重なひと瓶なのかもしれない。

ただ、怪訝に思われた点がある。みんなが栓に注目していた。古いワインの栓となると、ふつうは黒ずんでいたり、縮んでいたり、傷んでいたりするものだが、その栓は白っぽくて若々しく、なにかの木片を削って造られた様子である。なぜなのか。ド・ヴィレーヌ氏は声を落として、いかにも無念そうな表情で、こう説明した。「そのワインが廃墟で発見されたのは二〇〇六年のことであり、栓のことが心配で、軽く蠟のシールを張るように言いつけておいたところ、スタッフの一人が古い栓を抜きとり新しい栓に替えてしまった」と。その場にいたみんなもド・ヴィレーヌ氏の胸の内を推し量り、一様に悔しく思ったようである。

そして、もう一つ、おやっと思われたのは、蒸発した目減り分が少ないことだった。

さて、いよいよ、グラスにワインが注がれる。ほんのわずかな量。それなのにピノ・ノワールの香りが立ち上ってくる。わずかに茸の匂いがし、はかなげだが、気品を感じさせる典型的なブルゴーニュの赤ワインである。と言って若いブルゴーニュワインのように深紅ではない。それは珊瑚朱色に灰色のベールをかぶせたかのような色であり、すっかり褪せていたけれど、なんともいえず魅惑的で、その色は今でも私の目に焼き付いている。

この後、ド・ヴィレーヌ氏は一九一五年産の貴重なロマネ・サン・ヴィヴァンの一本をふるまってくださった。ヴォーヌ・ロマネ村のゴオドメ・チャニュさんという醸造家のもの。八十六歳という古いワインである。ロマネ・サン・ヴィヴァンに特有の花や果実の香りは失われていて、酸味が感じられたけれど、気品は残していた。

二〇一三年の三月五日に、サン・ヴィヴァン修道院の廃墟から見つかったワインの分析の結果が発表された。結論だけを記す。それは、「たぶん一八五〇年ごろのコート・ド・ニュイの普通のワインであると思う」とド・ヴィレーヌ氏は言った。

ある時、フランス人のワイン通の知人が、「いいワインは年ごとによくなり、頂点を迎えると下り坂になってだんだん劣化するものだが、底辺まで下がると今度はゆっくりともう一度、上り坂に向かう。そして、登りきったところで、また下り坂になる」と、面白いことを言った。もちろんその曲線のありようはワインによって異なる。利き酒した二本のワインは二度めの下り坂を降りる途中だったのだろうか。

私には、ワインの魂がほのかに生きていると感じられた感動的な利き酒の体験だった。

古武士の品格が漂うワイン

そのワインは、ひと口含むや、私の目を大きく見開かせた。でも、すぐには言葉が出てこない。さらっとした口あたりで、味があるような、ないような。いやいや、ちゃんとある。思わず液体をかみしめた。淡白。口中に澄みきった青空が広がる感じだ。グラスを食卓の上で静かに回した後、鼻先でもう一度そっと香りをかいでみる。かすかに匂うのは、上等のリースリングに特有のきりっとした香り。それがつつしみ深く薫る。ワインは名水のようにさらりと喉を流れた。ひと口飲むたび、名残惜しい。こうなると、料理はもうそっちのけ。ひたすらワインを味わう。

味の印象をひと言でいうと、枯れている。その枯れ具合が、えも言われぬおいしさ。不思議な味わいだ。そう思ったとたん、目に浮かんできた印象をつけ加えると、痩せてはいるけれどすっきりとした趣であり、骨格の逞しい古武士の品格が漂っているような感じである。ワインの好きな私の心に、何か語りたげな雰囲気を持っていた。

フランスには「裸体のような文体」という言葉があるけれど、この言葉が思い出された。身体を包む一切の装飾を脱ぎ捨てたような文体、つまり余分なものを一切削ぎ落とした簡素な文体をいう。このワインも飾り気や贅肉や必要でないものの一切を捨て去ってしまった簡素な佇まいをしている。それなのにおいしい。私が惹かれたのはここなのだ。おいしいワインのスタイルをもう一つ新しく発見した気になった。

さて、ワインの名は？　アルザス地方の辛口の白。一九七六年産のリースリングで、醸造元はヒューゲル社。

まるで昨日飲んだかのように、このワインの印象を書いたが、実際に飲んだのは二〇〇〇年の夏の終わりであった。当時、ワインは二十四歳である。家ではなく、レ島の海辺のレストランで飲んだ。今から十七年も前のことになる。料理は何を食べたのか、給仕人の様子はどうだったのか、店や客の雰囲気などについては、何一つ思い出せない。きれいさっぱり忘れてしまっている。それなのに、このワインの味わいの印象は、つい今しがたのことのように記憶している。というのも、日頃、たびたび、このワインの印象が蘇ってくるからである。もう少し正確にいえば、古いワインを飲む機会があると、もしかして、もう一度あの味わいに巡り合えるかもしれないと、秘かに期待してしまう。そのたびに、あの味わいが蘇ってきて、舌がそわそわするせいだ。

二〇〇〇年の夏休みを、私はレ島で過ごした。レ島は大西洋に浮かぶ小さな島だが、シャラント・マリティーム県に属し、県の首都ともいえるラ・ロッシェルの港町の目と鼻の先にある。ラ・ロッシェルとレ島は橋で結ばれているから、レ島はあまり島のような気がしない。パリからラ・ロッシェルまでは列車で三時間。駅からはタクシーに五分も乗れば、もうレ島なのである。平坦な土地の貧しい島であり、海辺に漁師の家が密集した村がいくつかあり、他に目に入るものといったら海か、大きな空の下に広がるじゃがいも畑ぐらいである(でも、ここで獲れるじゃがいもは、素晴らしくおいしい。今では葡萄畑も少しあるらしい)。

漁師の家は小さくて簡素。窓も小さく、天井も低く、庭も猫の額ほどしかない。酔狂な人がいるもので、こういった漁師の家を買って別荘に仕立てる人が出始めたのは、一九八〇年代から九〇年代にかけてのことらしい。社会党の著名な政治家の幾人かがここに別荘を持っている。そのせいかどうか知らないが、別荘地として売れ始め、今ではここの不動産の値段は目の玉が飛び出るほど高い。

そして、なぜか海辺にスパ専門のホテルがいくつもある。どこも、うたい文句は心身の疲労回復、減量、スマートに痩せ、身体を強健にするというもの。食事は栄養士による特別な美容食。二食、あるいは三食つき。朝から晩まで、身体を鍛えるための療養コースがある。

二〇〇〇年の夏、私はブルゴーニュの家と一ヘクタールの葡萄畑を売却した。その整理のための心身のくたびれようは、想像を超えるものだった。この疲れを九月の新年度までに解消したかった。フランスの新年度は、社会も学校もすべて九月から始まる。さっぱりした気分で新学期を迎えたい。そう願って、藁にもすがる思いで、レ島の海辺に建つスパ専門のホテルのひとつに出かけたのだった。部屋の窓からは海が見えるけれど、ホテルの周りにはなにもない。目に入るのはじゃがいも畑ばかり。

初日の朝に、医師による形ばかりの健康診断があり、療養コースのプログラムが渡された。私と夫はまじめにそのプログラムに従った。シャワー療法、水泳療法、海草風呂、マッサージ……

など。

三日目に、私たちはもう音をあげた。

療養コースは案外と肉体に厳しい。夕方にはぐったりする。それなのに食事はつつましい。ワインにしても、ただ口当たりがよいだけの平々凡々としたものしかなくて、実につまらなくてさびしい。飲みたい気持ちが萎えてしまう。なるほどこれなら痩せる効果は大きそうだ。でも私たちの疲労回復には適っておらず、回復どころか病気になってしまいそう、と私には思えた。ソムリエにしてもにわか仕立てのようで、ド、ド、ドと、グラスの縁近くまでワインを注ぐ。一杯だけ飲む人にはありがたいサービスかも知れないが、ひと瓶を自分のリズムで飲もうというときには興ざめである。

食卓の周りの人たちをそっと見回すと、カップルで来ている人たちは、女性か男性かのどちらかがやや肥満体である。意外にも女性の一人客が多い。年齢は四十代から五十代といったところ。なんでも、そういった女性はほとんどが常連客で、ストレス解消のために定期的にやってくるのだという。独身もいれば既婚者もいて、共通していることは、大きな企業で管理職についていることらしい。

四日目。私たちは療養をさぼってホテルを抜け出した。車に乗る前、「フウー」と深呼吸し、おいしい昼ごはんを目指して、レ島で一番老舗のホテル内にあるレストラン「リシュリュー」に向かった。たしかミシュランの一つ星が付いていたように思う。夫と私はむさぼるようにして献立表とワインリストを読んだ。私は、初めて出かける気心の知れないレストランではワインを先に選ぶことが多い。それからおもむろに料理を選ぶ。

何を飲むか。私たちの選択は早かった。一秒の迷いもなく選んだが、冒頭に書いたアルザス地方のリースリング。ふだん、アペリティフや魚料理やシャルキュトリー（ハムやサラミなど豚肉の加工品）などの前菜に、あるいはたまに作る和風のカレーライスなどに合わせてリースリングを気軽に飲む。なじみのワインのひとつである。でも、ヒューゲル社のワインは高級品だから、しょっちゅう飲むというわけにはいかない。それが、こういうひなびた土地のレストランのワインリストの中にその名を見つけたのだから実に嬉しい。さすがにミシュランの一つ星というべきか。ワインリストはなかなかよかった。

このリースリングが一九七六年産と古かった。こんなに古くて上等のワインにしては胸がドキドキするほどの値段の安さで、懐具合にも見合う。もしかしたら値段の付け間違いではあるまいかと疑ったほどだ。ひょっとして、飲みごろがとっくに過ぎてしまっているのかもしれない、そうとも考えられた。あるいはよくない年か。実際の値段を覚えていなくて残念だ。今の感覚でいうと三〇ユーロから五〇ユーロぐらいだと思う。

店のワイン担当の責任者が「このワインは、もう、飲みごろをしたたかに過ぎてしまった」と判断して、値段を落としたのではないか。私には、そう思われる。実際に、担当者が利き酒をした折には、もう、すっかり腰が抜けてしまっていたのかもしれない。数あるストックの中で、私が飲んだ瓶は、たまたま色褪せる寸前に最後の輝きを放った可能性もある。そうだとしたら、大変な幸運に巡り合ったことになる。

色も香りも褪せていて、味もなく、腰が抜けているようなワインを、フランス人は「ファネfané」と形容する。仏和辞典を引くと、「しおれた、しなびた、色褪せた、色調が淡い」。動詞faner は「しおれさせる、容貌などを褪せさせる、衰えさせる」とある。

でも、私が飲んだリースリングはファネではなく、「デプイエ dépouille」であった。こちらも仏和辞典を引けば、「葉の落ちた、裸の、飾り気のない、裸の」。動詞 dépouiller は「落とす、取り去る、飾りを取り去る、贅肉を切り捨てる、脱皮する、（おごりなどを）捨てる、裸になる、（料理など）あくをすくい取る、手放す、無一物になる」とある。

私の飲んだこのリースリングの一九七六年産を古武士の品格が漂うワインと言ったが、フランス人ならヴァン・デプイエという。余分なものを一切落として、骨格だけを残しているような、つまり裸体のようなワインである。

実をいうと、このファネとデプイエの味わいは紙一重である。ワインを飲み始めたばかりの人なら、即座に飲みごろを過ぎているとみなすに違いない。裸体のようなワインと聞いてもまったく見当がつかないだろう。ところが多くのワインがおいしいと見せかける技術に長けていて、味にしても装飾が多く、まるで娼婦であるかのような媚態を作る。あるいはギトギトと脂ぎってて偉そうに見せかける。ラベルはおごりや見栄やウソが見え見えである。すべての装飾を自ら捨てて去って裸体を見せるワインはまれである。それゆえに、私にはレ島で出会ったあのリースリングの一本は貴く、忘れ難い。

パリに戻った時、一九七六年というのはどんな年だったのかと、すぐに調べてみた。なんと、この年はフランスじゅうのワインが大変な当たり年であり、とりわけアルザスは例外的な当たり年であることを知った。

驚きも新たに、ゆっくりとワインの味を蘇らせつつ、それにしてもあの値段の安さは一体どうしたことかと、考えてみずにはいられなかった。アルザスで上質のワインを作ることにかけて指折りのヒューゲル社のリースリング、例外的な当たり年の一九七六年産、あの枯れた味わいのおいしさを思うにつけ、納得がゆかない。ミステリーである。

三十年、酒蔵で寝かせたワイン

「このごろの人は、どうもせっかちです。ワインを冒瀆しています。寝かせるということをせず、すぐに飲んでしまうのだから。三十年は待ってやらなくちゃあ、ワインがかわいそうだ」

こう、嘆かれたのは、今年九十歳になられるド・モンティーユ氏。ブルゴーニュはヴォルネイ村で指折りのドメーヌ・ド・モンティーユの主である。モンティーユ氏は映画「モンドヴィーノ」に出演された。ブルゴーニュの醸造家の中には「彼は弁護士ではないか。醸造家ではない」と目くじらをたてた人がずいぶんいたそうだ。するとこの映画の監督のノシター氏は、「私は彼の存在感に目を付けて出演していただいたのだ」と説明、まさに存在感に満ちた方だ。

正直なところ、私は面食らった。長老に逆らうつもりは少しもないけれど、三十年も待つなんて、途方もない。雲をつかむような話ではないか。それでいて、さらっとは聞き流せなかった。含みを感じさせられた。このお話を聞いたのは、たしか二〇〇九年、八年ぐらい前のことだ。

かれこれ、私は四十年以上もフランスのワインを飲んでいる。ほんとうにフランスのワインひとすじ。毎日、昼食にも夕食にも飲む。大切な栄養補給とも考えている。正確に把握しているわけではないが、ワインは多種多様のミネラルをたっぷり含んでいるという。完全食品のひとつでもあるらしい。昼食は一人で食べることが多く、どうしても好きなものに偏ってしまう。で、身体に必要なミネラルをワインで手っ取り早く補おうという魂胆もある。ともあれ、私にとって唯一の栄養剤・元気剤といってよい。

娘がお腹にいる頃でさえ、毎日必ず、グラス一杯の赤ワインを飲んだ。ところが、三カ月目に入った頃、妊娠中にワインを飲むのはよくないという声がなんとなく耳に入り、私は少し心配になった。定期検診の折、ジャン・コーエン先生に蚊の鳴くような声でおそるおそる尋ねてみた。「ワインを毎日飲んでもよいでしょうか」と。なにしろ、常日頃、コーエン先生は恐ろしく無愛想で必要なことしか口にされない。先生の目は一瞬ピカリと光り、次の瞬間にはドラゴンのような大きな目に変わり、ギロリと私の顔を見、「赤ワインを一日に一杯だけ」と、にこりともせずおごそかに答えられた。このご託宣はありがたく、私の心を明るく膨らませた。

以来、世間の風評には馬耳東風。夕食に安心して一杯の赤ワインを大事に味わった。一九八一年のことである。当時、ジャン・コーエン先生はフランスで指折りの高名な産婦人科医として知られ、待合室はいつも満席で、女性たちの風貌は国際色に満ちていた。この時私は四十一歳で、初めての妊娠だった。先生にお会いした最初の日、「ふうむ、四十歳を超えていますね。難しいけれど試してみましょう」と言ってくださり、早くも三カ月目に、望みがかなえられたのだった。それ以前、四年間も医者巡りをし、コーエン先生は最後の頼みの綱だった。

現在、フランスでは、妊娠中の女性はワインを飲まないようにというのが、もう常識になっている。私はコーエン先生に出会うことができて、ほんとうに運がよかったと思う。

そもそも、フランス人のワインの消費量はだいぶ前から減少の傾向にある。だが、飲む量が減っている分だけ、上質のワインを少し飲むのだという、なんだか言い訳のような説明が付く。昔とちがって数え切れないほど多くの種類の飲み物が出回り、ワイン市場はそれに押されぎみなのではないか。とはいえ、フランス製のワインは相変わらず外国市場で引っ張りだこであり、国内での消費が減ってもびくともしない様子だ。中国の買い付けの凄さが、時折耳に入ってくる。ワインばかりか、ボルドーやブルゴーニュに葡萄畑やシャトーを買って自らワイン作りに乗り出す中国人が続出している。一方、フランスの有名な醸造家の中国詣でも後を絶たず、中国でワイン作りを始めた人もいる。

統計によれば、毎日ワインを飲むフランス人は全人口のたった五パーセントらしい。これはワインが熱烈に好きな層だ。一週間に一度ワインを飲むフランス人は二五パーセントといわれるが、ワインが大好きであると大げさに自慢する層である。一カ月に一度だけワインを飲むフランス人は四五パーセントに上る。この層も結構ワイン好きであるようだ。それにしてもワインを毎日飲んでいる人はわずか五パーセントにすぎない。夫と私はこの組に入り、別に自慢できるようなことでもないのに、ひそかに鼻を高くして飲んでいる。

「一日に赤ワインをグラスに一杯」は、現在、少し小ぶりのグラスで昼食に適用。「女でも昼食に赤ワインをグラスに一杯」飲む。夕食には白をグラスに一杯、赤をグラスに二杯ぐらい。夫はもっと飲むだろう。でも、これはふだんのこと。お祝いや晩餐会ともなれば、二人とも杯の数はもっと増える。

二人がワインを飲まなければ、いや、ワインを飲むのが夫か私の一人だけであれば、私たちは、もう少し広くて快適な家に住んでいるにちがいない。ワインを飲みつつ、そんな冗談を言うと、「稼いだ分は、ぜんぶ腹に入れてしまおうよ。世の中にはお金があるばっかりに不幸な人が多いのだから」と、夫は応える。こんなわけで、衣類や雑貨などを買うときは、「衝動買いはよくない」などとつぶやいてケチケチするのに、ワインの買い物となるとお互いに寛容だ。

それぞれが「ちょっといけそう」と思うようなワインを見かけると、買ってくるのである。それは、スーパーマーケットであったり、酒屋であったり、ワイン産地であったり、醸造元であったり、インターネット販売であったり、買う場所は色々だ。ちなみに、フランスの上等のワインの七割から八割は輸出されていて、残りの国内向けのワインの八割はスーパーマーケットで販売されているという。

モーベール広場の露天市場で野菜や魚を買うのと同じ調子で、私はふだんのワインを買っている。そして野菜や魚を食べるように、ワインを飲む。これはと食指が動いて買ったトマトやアスパラガスが、想像したとおりのおいしさであった時の嬉しさと誇らしさ、その反対に裏切られた時の落胆と悔しさといったらない。ワインもそうなのです。

ふだん飲むワインのほかに、週末用、客を招いての夕食会用、誕生日や何かのお祝い用、クリスマスや正月などの祭り用などは、別口に買う。日頃からぬかりなく目を光らせて、これはお祝い用、これは夕食会のごちそう用と考えて買いこんでおく。よほど値の張るものでない限り、家では買ったものをすぐに試飲してみる。おいしいと、すぐに飛んで行って買い足しておく。これはその時の懐具合により、一本のこともあれば、半ダースの買い足しの場合もある。私の家の酒蔵にはこういったワインが貯蔵されているのである。酒蔵などというと大げさに聞こえるかもしれないが、パリのたいていのアパルトマンは、地下室に大なり小なりの物置室が付いているものだ。それを私の家では、ワインの貯蔵に利用している。面積は三畳ほど。ちっぽけだが、一七世紀の建物の中にあり、地下二階ぐらいに当たるほどの深さであり、中味をうんぬんしなければ立派な酒蔵である。

こんな風に、夫も私もワインをよく買うのだが、実は十年以上も寝かせるなんてことはめったにしない。ちょっと値の張る上等のワインを「えいっ」と思いきって買うことがあっても、家の酒蔵で寝かせるのは、せいぜい、五年から十年である。二、三年もたつと、ストックが数本あるようなワインは「どんな味になっているかなあ、このへんで一本ためしてみようか」となる。こういうときの夫と私の意見の一致は電光石火のごとし。他のこととは大ちがい。味に対する好奇心を言い訳に、つい、開けてしまう。飲みたいという誘惑にどうも勝てない。もう少し我慢すれば十歳になるようなワインは、やっぱり待ってやるべきだったかなと後悔したりする。

ふだんに飲むテーブルワインは、みんな若い。だいたいが一年から三年経ったもの。値段が手ごろなうえに、口当たりがよくて、おいしい。そのように作られている。そしてどんなお総菜にも合う。料理とワインの組み合わせなどという七面倒臭いことを考える手間がはぶけて、実に助かる。フランス人のある友人の家で十年も寝かせたテーブルワインを自慢げに出されたことがあるが、これは頂けなかった。色が褪せ、香りも腰もすっかり抜けていた。テーブルワインはじゃんじゃん飲むに限るのだ。若いうちに飲んでこそおいしい。

ともあれ、インチキでまがいものの野菜や果物や加工食品が大きな顔をしている中で、フランスのテーブルワインの向上には、日々、目を瞠らされるばかりだ。フレッシュな口当たりと軽やかさが身上である。アルコール度は一二度から一二・五度。

となると、十歳というのは、かなり古いワインのように思える。ところが、飲むたびごとに、あふれるような力と生気に満ちた味わいに驚かされる。色も張りがあって美しい。ボルドーであれば濃いルビー色、ブルゴーニュであれば明るい赤。香りも重厚。苦みや酸味は、力強さや溌剌とした趣を感じさせ、かえって快い。上等のワインの場合、私は十年もののファンである。微妙な味わいや複雑な味わいが、まだ表面に出ておらず、わかりやすいおいしさであるからかもしれない。頭をひねらずに楽しめるのである。

ある時、食卓でブルゴーニュのドメーヌ・ド・モンティーユの十年もののヴォルネイがグラスに注がれた。爽やかで、軽くて、しなやかな気品がある。しかも奥行きのある風味。私はうっとりして、「おいしい、おいしい」とほめちぎった。すると隣席にいたフィリップ・ブルギニョン氏が私に「セ・ジョリィ」と、笑顔でそっと言った。「セ・ジョリィ」というのは、「ちょっといけるね」といったほどの意味である。どうも私は軽くいなされたらしい。ブルギニョン氏らしい優しさだ。パリの一つ星レストラン「ローラン」の総支配人だけれど、ソムリエでもいらっしゃる。フランスの一九七八年度のソムリエコンクールで一位を獲得。でも、この人を著名にしているのはその謙虚さと穏やかさにある。「ローラン」はパリの高名なジャーナリストや実業家や政治家が自分の家のサロンや食堂のごとく出入りしていることでも知られる。

前置きが大変に長くなってしまった。ここでド・モンティーユ氏の話に戻ろう。三十年も待つなんて雲をつかむような話だと、初めに書いた。ところが私は一度だけ、家の酒蔵に数本のワインを三十年寝かせておいたことがある。これは特別な保存。共通点はミレジムが一九八二年であること。この年はフランスのワイン産地はどこも当たり年であり、私たちには娘が生まれた記念の年である。たまたまロマネ・コンティ社の先代の醸造長のアンドレ・ノブレ氏から、娘の誕生祝いにヴォーヌ・ロマネの一級のワインを一本いただいた。ノブレ氏自身の葡萄畑のワインであり、ラベルにはノブレ氏の名が入っていた。この一本が保存のきっかけになったことは確かである。その頃はすぐに飲みもしないワインを買う余裕などまったくなかった。それなのに、ボルドーはマルゴー村のジスクール（一八五五年の有名なボルドーワインの格付けで三級）が二本。どのようにして手に入れたのか、おぼえていない。たぶん、偶然だろう。他にはポルトやジュラのヴァン・ジョーヌなど。

これは、娘が結婚すると決心した時、その祝いに、お婿さんになる人とそのご両親と一緒に内輪で飲もうと考えての保存だった。なにしろささやかで慎ましい量である。ところが、娘は三十歳近くになってもその気配がまったくない。仕事が面白いという。

ある日。夫がポツリと言った。「三十年寝かせてあるワイン。あれは、もう飲みごろを過ぎてしまっているかもしれないなあ」と。夫の顔には「飲みたい。飲みたい」と書いてある。別の日。「彼女の三十歳の誕生日に飲もうよ」ということになった。フランスでは三十歳の誕生日は、それまでの年より盛大に祝う習慣があるようだ。

二〇一二年三月二日、一九八二年産のブルゴーニュのノブレ氏のワインとボルドーのジスクールを開けた。飲み手は娘の親友夫婦を交えて六人。

まず、ノブレ氏のヴォーヌ・ロマネ。色は煉瓦色。輝きがあり、よく透きとおっている。典型的なピノ・ノワールの豊かな香りと味。フランボワーズ、野いちご、サクランボなどの赤い実の果実が複雑にまじりあい、豊満でなめらか。次のボルドーのジスクールは、透明感に満ちたガーネット色。初め皮の匂いがぷんとしたが、すぐにカベルネソーヴィニョンとメルローの混じったボルドーらしいひきしまった奥ゆかしい香りを放ち、優雅な味。どちらも酸味や苦みの角が取れ、丸みのある見事な飲みごろであり、それが最後にしぼんでしまわず、最後の一滴まで素晴らしかった。

なによりも、飲んだ印象のみずみずしさに私たちは驚かされ、おいしさにひたすら圧倒された。万一飲みごろを過ぎていた場合を考えて、夫は別の赤ワインを二本用意していたが、翌日、酒蔵に戻した。

この日のごちそうの目玉は、三日間煮込んだブフ・ブルギニョン（牛肉の赤ワイン煮）であり、牛の尾一キログラムと牛のすね肉一キログラムに対して、赤ワインを七本使った。ワインはコート・デュ・ローヌ産。二日目にポランスキーの映画『戦場のピアニスト』をテレビで見ている間に肉を焦げ付かせてしまい、悲鳴を上げた。一度はやり直しを覚悟したものの、幸い焦げ付きはあまりひどくなく、ワインを足して煮続けると、かすかにチョコレートの味わいが加わったかのようで、今までにない風味のえもいわれぬおいしさのソースになった。これがワインのジスクールに期せずしてぴったりであり、嬉しかった。

それにしても、この日、私が打たれたのは、三十年寝かせたワインの生き生きとした生命力だった。そして優美な風味が愛おしく感じられた。

ワインを若いうちに飲むのは〝ペドフィル〟にひとしいと言う、ド・モンティーユ長老の嘆きをしみじみと理解した。ワインの三十年というのはいかにも古い感じがするが、人間の三十歳に当てはめれば、その若々しい魅力はなるほどと思われる。三十歳のワインはこれからどう成長するのか、実にスリリングな楽しみを秘めている。「三十にして立つ」、を思い出す。

このごろは三十歳のワインに出会うと、妙にわくわくする。

イスラエルの海とワイン

はじめてイスラエルに出かけたのは、二〇〇五年の五月だった。夫のお伴である。このころ、イスラエルでは自爆テロが頻繁にあり、物騒な様子であり、「何もこんな時に行かなくても……」と、友人たちは口をそろえた。

イスラエルのエルアル航空のカウンターは、シャルル・ド・ゴール空港の一隅にあり、チェックインのために近づくと、カウンターの前に列はできていないけれど、ざわざわと人がいる。その周りはテープ張りされ、間隔をおいて銃を持った若い兵士が立っていて、私はぎょっとした。

カウンターに向かおうとすると、若いイスラエル人がさっと私たちの前に立ちはだかり、「なぜ、イスラエルに行くのですか?」と、質問した。

「テルアビブ大学主催のシンポジウムに出席するためですよ」と、夫は屈託なげに答えた。するとイスラエル人は、その日時、内容、プログラム、そして宿泊先などを根掘り葉掘り尋ねた。決して尋問するような調子ではなく、軽い雑談をするかのようだった。とはいえ「それ、ホント?」という口ぶりである。夫はカバンの中から印刷されたシンポジウムのプログラムを取り出して見せ、「ほら、ここに私の名前もあります」と指差した。ところが、イスラエル人は印刷物に目もくれなかった。そんなもの、と、てんから信用していない様子だった。

ともあれ無事に終わり、重くなっていた気分が少し軽くなったとたん、別のイスラエル人が近寄ってきて、

「なぜ、イスラエルに行くのですか?」と、また質問した。

「今、答えてきたばっかりだよ」と、夫は軽口をたたいた。

イスラエル人は目を見据えてもう一度、「なぜ、イスラエルに行くのですか?」と、訊いた。

ほぼ、前の人と同じ質問を受け、同じ答えをした。新たな質問は、パリのどこに住んでいるかというものだった。

やれやれ終わったかと思うや、何と三人目のイスラエル人が近づいてきて、また同じ質問を繰り返し、夫と私はうんざりした。

三人目をパスすると、手荷物の検査があり、大きな旅行カバンは開けて、手動によるレーザー検査があった。やっとチェックインのカウンターの前にたどりつけたのは、その後だった。なぜ、三時間も前にチェックインするようにと言われたのか、その理由がようやく分かった。

「この体験には辟易した」と知人でユダヤ系のフランス人に嘆いてみせると、「それだけ厳重なのは、安全のためですよ。素晴らしいことです」と、彼は大まじめに言った。

ともあれ、私たちは一度で懲りてしまい、以後、イスラエルには他の航空会社の飛行機に乗っていく。

安全といえば、『日本人とユダヤ人』という本のことが思い出される。この本は私が若かったころ、一九七〇年代の初めに、日本で大旋風を巻き起こし、爆発的なベストセラーになった。

著者はイザヤ・ベンダサンというユダヤ風の外国人名であり、神戸で木綿針を中国に輸出する貿易業者の家に生まれ育ったユダヤ人という触れ込みだった。第一章の「安全と自由と水のコスト」の中で、「日本人は安全と水は無料で手に入ると思い込んでいる」と指摘。言われてみればその通り。でも、初めに強力なパンチをくらったかのように目を覚ましたのはマスコミではなかったか。「安全と水がタダなのは当たり前と思い込んでいる日本人」と新聞も雑誌もこぞって書きたてていたように記憶している。私もそう思い込んでいた一人だ。今でもこの本を大切に持っているけれど、当時、イスラエルに行ってみようという気持ちは湧かなかった。ひたすら遠い国に思えた。

それが、今、私はイスラエルの大都会のテルアビブにいる。しかも初めてではない。ひょんなことから、二〇〇五年以来、年に一度、イスラエルにやってくる。パリからは飛行機で、四時間半の道のりである。

ホテルは海辺にあり、旅行カバンから衣類を取り出して戸棚に収めるや、シャワーを浴び、手早く着替えて、最上階のサロンに上った。お茶を飲みながら、ゆっくりと海を眺めたかった。テルアビブは東地中海に面している。

午後のお茶の時間はもう終わっていて、夕食のアペリティフにはまだ早いせいか、先客はたったの四人。ひとつのテーブルを囲んで、ヘブライ語で声高に話しているところをみると、イスラエル人にちがいない。なにやら打ち合わせの様子である。

サロンはフロアの角にあり、二部屋合わせたほどのしゃれた空間で、大きな窓が三つある。一つは古代から知られている港町ジャファまで続く白い砂浜が見え、角の真ん中の窓はヨットハーバーを見下ろし、あとの一つはきらきらと光る海が見える。私は海の見える席を取った。誰にも邪魔されないで、ゆうゆうと海の美しさに溶け込むことができる素敵な場所だ。

ありがたい。飲み物と食べ物はセルフサーヴィスだった。飲み物のコーナーに行くと、コーヒー、紅茶、ジュースや水、ジンやウィスキーやウォッカや氷などのほかに、白ワインと赤ワインが置いてある。なんだか親しい友人に出会ったかのようで、ふっと頬がゆるんだ。みるみる緊張感がほぐれていく。で、紅茶を飲むつもりでいたはずなのに、赤ワインの瓶に手が伸びた。イスラエル産だった。軽く味を見るつもりでグラスに三分の一ぐらいの量を注ぎ、席に戻った。

午後の海は、のんびりと白く輝いている。静かで平和そのもの。ここからパレスチナ自治区のガザまで、七〇キロも離れていまい。イスラエルとパレスチナの間の不穏な空気やミサイルが飛び交うことなどまったく知らなげだ。

私はとても喉が渇いていて、ひとくち目をグビリと飲んだけれど、目を見開いた。口あたりが柔らかくて、果実の風味が快く、不思議な魅力がある。なかなかいける。ゆっくりと飲み干すつもりだったのに、さっと飲んで、二杯目のために席を立ち、ラベルを見た。ミレジムは二〇一二年。バルカンという名前がついている。葡萄の品種は何か。面白いことに、シラーとカベルネソーヴィニョンがほぼ半々である。一杯目に感じた不思議なおいしさは、この二つの品種をブレンドしているところから生まれたものに違いない。フランスではシラーといえばローヌ地方で赤ワインを生む主要な品種であり、カベルネソーヴィニョンはボルドーで高級赤ワインを生む主要な品種として欠かせない。シラーは丸みの豊かなこくがあって力強い。カベルネソーヴィニョンは硬くて渋い。だが、硬さと渋さは、時を経るにつれて、ボルドーの極上の赤ワインの特色である優雅さや気品を生む。さっき面白いと思ったのは、この性格が違う二つの品種が組み合わされているからであった。産地によって品種が厳しく統制されているフランスではできない芸当だ。

ローヌ産のシラー種一〇〇パーセントの最上の赤ワインといえば何といってもエルミタージュだろう。すみれの香りと均整の取れたたくましさ、そしてえもいわれぬきめの細かさで知られている。ルイ一四世は従兄であるイギリス王のチャールズ二世へワインを贈り物にする時、シャンパーニュとブルゴーニュとともにこのエルミタージュを選んだという。ナポレオンにも好かれたそうだ。

いつだったか、宴席で、ある銀行家と隣り合わせになり、心細い思いをしているとワインのことが話題になった。銀行家は大きな身体を私のほうに向け、「あなたにとってフランスで一番おいしいと思うワインは何ですか」といたずらっぽく聞いた。好きなワインは何かと聞いてくれればよいものを……。私はもじもじして、「数えるほどしか飲んだことがないのに、こういうのは大胆ですが、ロマネ・コンティだと思います」と、生真面目に答えた。すると、「はっはっは。ロマネ・コンティですか。私は週に一本ぐらい飲んでいますよ。私にとって最高においしいワインはエルミタージュです」と、銀行家は破顔一笑、愉快そうに言った。まるで漫画の一こまにもなりそうな思い出である。

ともあれ、エルミタージュはフランスの半端ではないワイン通が愛飲しているものらしい。大変に高価なワインなのに、ワイン通の垂涎の的らしく、ますます引っ張りだこで、手に入れるのはすこぶる難しい。私は二〇一二年に、エルミタージュ一の評判を持つドメーヌ・シャーヴを訪れ、そこの酒蔵でエルミタージュを飲む機会があった。濃いルビー色、ふくよかな口当たり、芳醇な風味、力強い骨格、それでいて繊細、全体の調和の類まれなこと、聞きしに勝るワインだった。そして、作り手のジェラール・シャーヴ氏の人柄の慎ましさに感動した。自分のワインの自慢はこれっぽっちもしない。よく日焼けしていて、背広より作業服が似合う人だ。エルミタージュを飲んでいる人たちのイメージと対照的なのである。繊細な舌の持ち主で、おいしいものを食べるのも好きだが、料理の腕前も素晴らしい。週に一度、リヨンにある料理学校に通ったそうだ。

シラー種のワインでは、ほかにサン・ジョセフやコート・ロティも人気が高い。コート・ロティにはほんのわずか白い葡萄が混ぜられるという。リヨンの食いしん坊たちの自慢のワインだ。エルミタージュやブルゴーニュやボルドーの極上の赤ワインと比べると値段がずっと手ごろである。でも、このワインの真の値打を味わおうとすれば、うんと待たなければならない。リヨンのお金持ちは子供や孫が成長した時のための贈り物として、今買いこむのではあるまいか。

カベルネソーヴィニョンはボルドーの赤ワインに気品をもたらす品種として名高い。ボルドーの偉大なワインとして世界的に有名なワイン、たとえば、シャトー・ラフィット・ロチルド、シャトー・マルゴー、シャトー・ラトゥール、シャトー・ムートン・ロチルドなど、いずれもカベルネソーヴィニョンが七〇パーセント以上を占めている。ほかに、カベルネ・フランとか、プティ・ヴェルドーとか、メルローとか、三つないし四つの品種がブレンドされているが、混合比率はシャトーによって異なる。

話を元に戻そう。海を眺めながら二杯目は注意深く味わいながら飲んだが、三杯目を注ぐために席を立った時は、アルコール度を確かめた。わずか一二度。軽い。フランスのテーブルワインのアルコール度と変わりない。すいすいと飲めるのは、口当たりのよさだけでなく、この軽やかさのせいでもあるのだろう。

グラスをゆっくりと口に運んでいると、目の前に真っ赤な太陽が降りてきた。気がつくと、サロンはアペリティフを飲む人でいっぱいだ。テルアビブの海辺の夕日は美しい。それを観賞するツーリストは多く、私の席の周りは次から次へと夕日をカメラに収めようとする人で急に賑やかになった。彼らに席をゆずって、私は渚に向かうことにした。ホテルを一歩出ると、波の打ちよせる渚であり、渚に沿って遊歩道が長く続いている。

夕日はガラス越しではなく、海からの風に吹かれながら眺めるのが好きだ。それに私のお目当ては夕日が海の向こうに落ちた後にある。空と海がひとつになって霞(かすみ)のようにゆるやかに動き始め、やがてワイン色に染まる。うす紫から燃え立つような赤紫へ、そして深い黒紫へと変化する。その階調をうっとりと眺めていると夢心地を味わう。

グラスが大ぶりだったせいか、少しほろ酔いだが夕食までには醒めるだろう。もっとも大ぶりといっても、フランスであれば、食卓にワインのグラスが並ぶ時に添えられる水用のサイズである。ところが、テルアビブのおしゃれなレストランに入ると、流行りなのか、大げさに言えば金魚鉢ほどに大きくて脚の華奢な背の高いグラスを出す。しかも、景気よくワインを注ぐ。片手だけでは重すぎて安定感が悪く、私などグラスの膨らみを両手に包みこんで支える始末。一週間の滞在中に、グラスを食卓で倒す人を二人も見かけた。身ぶり手ぶりで話す時、グラスの背が高すぎて手が触れてしまうのだ。フランスだとブルゴーニュのレストランなどでは、ちょっといいワインを注文すると、ぼんぼり型の大きなグラスが出てくる。でも、なみなみと注ぐなどということはさすがになくて、ほどよい。かえって、今いいワインを飲んでいるのだと意識させられ、大事に味わうことができる。

たかがグラスのサイズであり、取りたてて言うほどのことではないにしろ、イスラエルでのこの光景は面白いと思う。十年ほど前、初めてイスラエルに来た時、飛行場に連なるタクシーはどれもくたびれた中古車だったのに、現在は白色のぴかぴかの新車が目立つ。高層ビルもすでにあったけれど、年々増えて、気がついてみれば、雨後のタケノコのようににょきにょきと建っている。私の目にさえ経済がどんどん上向いているのがわかる。

イスラエル人は日本人と同じようによく働く。向上心が旺盛で、好奇心が強く、いつも新しいアイデアを探し、何かを追っている。ホテル、美術館、レストラン、店、市場、街などでボケッとしている人に出会うことはまったくない。ただ、おそろしく声が高くておしゃべりである。

また横道にそれてしまった。つまり、大きいグラスの流行は、儀式のために飲むのではなく、楽しみや喜びのためにワインを味わうイスラエル人が増えていると想像してもいいのではないか。ひょっとしてイスラエルはワインのルネッサンスを迎えているのではないか。そう考えると面白いのである。

イスラエルのワインはおいしい。たいていは腰のしっかりしたワインである。ゴラン高原、カルメル山、エルサレム近郊などで作られているワインをはじめ、ずいぶんといろいろなワインを味わったけれど、これまでにがっかりさせられたことは一度もない。何といってもイスラエルには葡萄の実がたわわになる。そして葡萄は人生の幸せのシンボルなのだ。

イスラエルには毎週シャバットといわれる安息日がある。それはユダヤ教徒の習慣で、金曜日の日没から土曜日の日没までとされる。この間は安息の時間であり、仕事らしいことは何もしてはいけない。たとえば、料理もしてはならない。字も書いてはならない。ユダヤ人にとっては金曜日の夜と土曜日は休日であり、日曜日が仕事始めになる。四年前、エルサレムでユダヤ人経営のホテルに宿泊した時、ホテル内にある評判のレストランが閉まっていてがっかりしたことがある。その日は金曜日で、シャバットであり、シェフがユダヤ教徒のためだった。夕食を当てにしていたのに、ユダヤ教徒ではないシェフがいるスナックで食事をする羽目になり、味気ない思いをした。

でも、ユダヤ教徒にとってシャバットは聖なる休日である。金曜日の夕食の前、神にささげるパンとワインを聖別（キドゥシュ）する儀式があり、家族が揃って立ったままでワインを飲む。老いた人も、男も、女も、子供も飲む。一つの聖杯をみんなでまわして飲む家や、一人ひとりがグラスに一杯の家など、多少は違うらしい。ワインを飲んだ後で一個のパンをちぎってみんなで分けて食べる。そしてワインはユダヤ人の手で植えられた葡萄の木、ユダヤ人の手で手入れされた葡萄畑の葡萄、ユダヤ人の手で摘まれた葡萄、醸造から瓶詰めまで、何から何までユダヤ人の手で作られたキャシェールといわれるものである。

「聖別」という言葉は旧約聖書を読むとひんぱんに出てくる。聖別を『広辞苑』で引くと、「(consecration) キリスト教で、神聖な用にあてるために、あるものを一般的・世俗的使用から区別すること。祝聖。聖化。祝別」とある。辞書ではキリスト教と断っているけれど、ユダヤ教のキドゥシュと意味は変わるまい。旧約聖書は三千年ほど前から存在し、ユダヤ教、キリスト教、イスラム教の正典といわれている。それぞれが一神教として知られているが、解釈が違うものらしい。キリストは十字架にかけられるまでユダヤ教徒だったし、モハメッドは複数の神々を信仰していた。

二〇〇五年の五月。初めてエルサレムの旧市街を歩いた日の興奮を、私は忘れられない。沈黙の壁、金色のドームが輝くエル・アクサ回教寺院、キリストの墓がある聖墳墓教会、ユダヤ教寺院、アラブ街の市場などを見て歩いた後、たしか夕方の六時だったと思うが、教会の鐘が鳴り響いたとたん、力強いコーランの読誦が同時に聞こえてきて、本当に驚いた。

私の知り合いでパリに住んでいるユダヤ教徒は、金曜日のキドゥシュの習慣をとても大切にしている。たとえどんなに忙しくても、どんなに遠くに出かけていても、息子も娘も金曜の夕食の前には家族全員が家に揃うことを義務づけ、キドゥシュの儀式をおこない、その後で食事をする。

そのせいか家族の団結が強いそうだ。もっとも、世界各地に離散しているユダヤ教徒もみんなキドゥシュの儀式をしているだろう。

私の知るユダヤ人はみんなワインの飲み方がきれいだ、決して飲みすぎることはなく、といって遠慮しすぎることもない。キドゥシュのおかげで子供の頃からワインになじんでいるせいに違いない。テルアビブで見かけるワインを飲むユダヤ人にしても、陽気に飲み、大声で話したりするものの、決して酔っぱらってしまうことはない。

キドゥシュで飲むワインは神への献酒でもあるからつつましやかに飲むのがふつうである。でも、このごろは、気取りかもしれないけれどヨーロッパ風の教養を身につけた若者が率先して飲む。ワインのおいしさに開眼して、儀式のためではなく自分の楽しみのために飲む人や、ワイン文化に興味を持つ人や、食文化に関心を持つ人が一段と増えていて、イスラエル人らしい新しい飲み方を探っているかのように見える。酒屋でも市場でも、キャシェールのワインだけでなく、フランスをはじめ外国産のいいワインが売られている。こういった現象が、私にルネッサンスを思わせたのである。

メソポタミアのアッシリアやバビロニア、エジプト、ペルシャなどが古代文明の華を咲かせていた頃、ワインはその花形の一つではなかったか。旧約聖書には葡萄や葡萄畑やワインという言葉がおびただしく出てくるし、ワインは心を楽しませる、ワインは喜びをもたらすといった表現も数限りない。

たとえばモーゼは、神には最上のワインを献酒するようにといっている。モーゼはイスラエル人でヤハヴェの神に導かれてエジプトで奴隷になっていたイスラエル人とその家族のすべてを脱出させ、追手のエジプト王のファラオやその軍勢が間近に迫った時、紅海の水を左右に押しのけて海底に一筋の道を作り上げ、イスラエル人のすべてを対岸に渡らせた。と、追手の軍勢が海底の道に踏み入った時、紅海は海に戻り、波がエジプトの軍勢を飲み込んでしまう。

実に古いお話で申し訳ないけれど、『日本人とユダヤ人』のベストセラーよりもっと昔に、アメリカの映画『十戒』が日本で上映されて評判になった。主役はチャールトン・ヘストン演じるモーゼであり、エジプト王はユル・ブリンナーだった。と、こう書くだけで懐かしい。私など夢中になって見たものだ。十戒も旧約聖書の中の話で、「出エジプト記」である。

紅海を渡って着いた地はシナイ半島であり、モーゼたちはそれから四十年も荒野をさまよう。イスラエルに近づいた時、モーゼは一二人の若者を視察に出す。するとそのうちの二人がとてつもなく大きな葡萄のひと房を竿にかついで帰ってきた。それを見たモーゼは、イスラエルが「乳と蜜の流れる約束の地」であることを確信する。今だったら、乳と蜜にワインを加えてもよいのではないか。ともあれ、この光景は絵画のモチーフとして親しまれ、とりわけ一七世紀のニコラ・プッサンの絵が名高い。ルーヴル美術館に行くと、この絵を鑑賞することができる。ちなみに題名は、「秋、あるいは約束の地からもたらされた葡萄」。

旧約聖書は、イスラエルの歴史物語として読むと、『三国志』を読む時のように面白くて止まらなくなってしまう。

モーゼがエジプトで奴隷になったイスラエル人を脱出させたころ、エジプトもオリエント一帯も、すでに素晴らしいワインを作っていた。ギリシャやローマ時代になると王族や貴族ばかりか、裕福な一般の人たちの間でも飲まれていた。ところが、七世紀の初めにイスラム教が生まれ、やがてイスラエルの地がイスラム教徒の地になると、ワイン作りは自然に衰退した。イスラム教がアルコールを飲むことを厳しく禁止したからである。

イスラエルでは一九世紀にフランスのエドモンド・ロチルドがカルメル山の荒野に広大な土地を買って開拓に乗り出し、葡萄の木を植え、ワイン作りを始め、イスラエルのワイン産業を再生させた。今ではヤルデンとかシャトー・ゴランとかシャトー・キャステルなど、上質でとてもおいしいワインがあり、海外でも知られているようだ。でも、ちょっと値段が高い。いずれにしてもイスラエルのワインは年々向上している。この意味でもルネッサンスと言えるように思った。

一九四八年の建国以来、世界各地に離散していたユダヤ人たちが続々と移ってきたおかげで、とても小さな国なのに、国際色にあふれている。街には数え切れないほどの言語が飛び交い、色々な国の料理に出会う。

私はレバノン風の地中海料理が気に入っている。でも、三年前に見つけた店はとびきりのフランス料理を出す。その店は、テルアビブの渚に沿った遊歩道の北の端の食品市場の二階にあり、海が見える。飾り気のないビストロ風の店だけれど、料理は素晴らしい。材料が生き生きしているし、亜流ではないシェフの創意工夫が見て取れるし、味付けも繊細。なによりも今流行りのフランス料理のようにちまちましたところがないのが素敵だ。この店をパリに持ってきたら、すぐにミシュランの星が付いてぴかりと光るに違いない。

北の端の遊歩道はアスファルトではなく木の床になっていて、海の匂いを存分に嗅ぎながら歩くのは実に気持ちがよい。

イスラエルとガザの平和を心から祈らずにはいられない。

ミサのお神酒に甘口ワインのソーテルヌ

「えっ、今、なんて言ったの」と、隣に立っていた夫が心配そうな顔をした。

「ミサのお神酒(みき)にソーテルヌだなんて、素敵に気が利いています」と、私は素早く司祭に告げた。ついに、口からこぼれてしまったのだ。夫は私の顔を見つつ、目をむき、首を横に振ってあきれたという素振りを見せた。

いつもミサが終わると、司祭は祭壇を降りて中央の身廊を歩いて出口に向かい、一番に教会の外に出る。そしてぞろぞろと出てくる教区の信者たちにあいさつをするのである。その日は復活祭で、ミサはふだんとはずいぶん違う。司祭は真っ白な僧服をまとっていた。私は少し早く教会に着いて、ミサの次第がよく見える身廊に沿っている席に座った。祭壇の十字架はジャスミンの白い花で飾られている。で、ミサの後、司祭が私の脇を通って握手の手を差し伸べた時に、ごく自然に言ってしまったのである。と、司祭は無言だが目を微笑ませた。

夫にも司祭にもまだ言ってないけれど、ふだん私はミサをオペラに見立てている。教会は劇場であり、祭壇が舞台である。司祭たち、聖書を朗読する信者たち、洗礼を受ける人、お布施係などは役者であり、讃美歌の合唱団、その指揮者、オルガン奏者はオーケストラである。演出は司祭。信者や私のようにキリスト教徒でもない一般の参列者は観客といってよい。学生街のパンテオンの裏にあるサンテチエンヌ・デュ・モン教会のオペラ、いやミサは第一級に値する。

教会はパリでも指折りの名刹であり、ルネッサンス様式の建築や美しいジュベや、パスカルやラシーヌの墓があることや、一六世紀のステンドグラスや、一七世紀のオルガンなどでも知られている。讃美歌合唱団は最上のクラスだし、オルガン奏者はフランス一の名声が高く自由自在にオルガンを弾く。オリエ司祭はパリのノートルダム寺院の大司教だったさきのリュウステージ枢機卿の薫陶を受けた俊才として聞こえ、復活祭やクリスマスのミサなど、決して型通りのものではない。

ボルドー出身の司祭は、おいしいワインについてもよくご存じだ。日曜日の昼食に十人ぐらいの人を招いて、料理の腕を振るうことなども見事にこなす。しかもその料理がおいしい。教会が催すバザーに出かけたり、界隈に住む友人の家の食卓で同席したり、我が家の夕食会においでいただいたり、司祭の家のお昼に招かれたりで、親しみがある。

なによりも、ミサが終わった時、祭壇の端に立った司祭は、ちょっとわけがありそうな顔で「お礼を一言申し上げたいのです」と言い、「ミサのためにソーテルヌを寄付してくださった方がいます。その方に心からお礼を申し上げます。私、そして司祭一同、大変に幸せでした」と続けた。これを聞いた時、私は素晴らしいと思い、「ブラボー」と声をあげたかった。それゆえに司祭に告げたことは、つい、口をついて出てしまったのだ。ソーテルヌはボルドーが誇る甘口の白ワインである。フランスばかりか、世界に名を馳せている。ミサにソーテルヌと聞くや、私は古代ギリシャのネクターに思いを馳せた。

古代ギリシャでも、古代ローマでも、神にささげるワインは極上の甘口ワインではなかったか。神にささげるワインは「ネクター」といわれ、不死の生命を与えると讃えられた。日本ではトロイの木馬で知られるトロイア戦争を戦った将軍や戦士は、戦場から戻るや、油で体を洗い清めてから食卓に着き、上等の甘いワインをなみなみとこぼれるほど大杯に注ぎ、まずはそれを神にささげた。

日頃神々はネクターに恵まれているわけだが、オリンポスの山に住むいたずら好きの十二の神々は、祝祭の折に集まっては自前でも飲んでいた。たとえば、大神ゼウスの娘のところに神々が集まってネクターを飲むときは、神の永遠の若さを祝うためであった。また神々の食物は「アンブロワジー」といわれ不老不死の薬草とされるが、ネクターはアンブロワジーにふさわしい飲み物だったのだろう。

後世、アンブロワジーは転じて珍味佳肴の意味を持つようになり、ネクターは比類なくおいしいとか信じられないほどおいしい奇跡的なワインを讃辞する時、まるでネクターみたいだとフランス人は目を丸くする。わかりやすい例をあげればソーテルヌのイケム。イケムの甘美さは人を夢心地に誘う。イケムがネクターであることに、異論はない。でも、私はロマネ・コンティ社のモンラッシェもその例にあげたい。ブルゴーニュのモンラッシェは辛口の白ワインの最高峰の声が高い。シャルドネ種から生まれるのに、蜂蜜を感じさせるトロリとした感触がある。

ネクターという言葉を、私は書物の中ではよく見かけるが、はっきりと耳にしたのは一回だけである。それもつい最近。二〇一三年の秋にフランス・ワイン・アカデミーが催した恒例の利き酒の会でのこと。フランス・ワイン・アカデミーはアカデミー・フランセーズにならって、会員は四十五人。何らかの理由で欠員ができると、会員たちの選挙によって新しい会員が加わる。四十五人の顔ぶれはロマネ・コンティ社代表のオーベール・ド・ヴィレーヌ氏を始め豪華そのもの。フランスのそうそうたるワインの醸造家や、ゴンクール賞審査委員長のベルナール・ピボー氏などのジャーナリストが名を連ねている。そして年に一回、会員たちの銘柄ワインの利き酒がある。大変に豪奢な利き酒だ。

赤ワイン、辛口の白ワインと飲みすすめ、甘口の白ワインの部屋に入ると、ピレネーはジュランソンで名を馳せているドメーヌ・コアペのアンリ・ラモントゥ氏と、ソーテルヌはシャトー・ド・ファルグのアレクサンドル・リュル・サリュース氏がいて、それぞれのワインを自らサーヴィスしていた。まずはジュランソンから。そしてシャトー・ド・ファルグを味わった。二つのワインの味わいは、海と山ほどに趣が違う。でも、私は両方とも好きだ。どちらがよりおいしいというのではなく、それぞれの個性が気に入っている。さて、二つの個性をどう言ったらよいかと、私は頭の中で言葉を探し始めた。

すると、私のそばにいたある高名なフランス人の食のジャーナリストが、私の頭の動きを見透かしたかのように、「ジュランソンが水なら、ソーテルヌのシャトー・ド・ファルグはネクターだよ」と、私の顔を見て大きな声を出した。まさにその通り。言い得て妙だ。二つのワインの違いを正確に、ものの見事に言い当てている。でもファルグがネクターなら、ジュランソンの水はただの水ではない。ただ水と言うのでは、ネクターと同格とは言えまい。醍醐の水とか、仙人の飲む名水とか、一言でぴたりと言い当てる何かいい言葉はないものか。残念ながら妙案は浮かばなかった。

私はファルグのとろりとしたネクターの味わいも、ドメーヌ・コアペのジュランソンのさらりとした水のような味わいも好きだ。

アレクサンドル・リュル・サリュース氏は、かつてはシャトー・デ・イケムを代表する醸造家でいらした。ところが家族の間に遺産相続の問題が起こり、手放さざるを得なくなった。その結果、シャトーはルイ・ヴィトンやディオールなどで知られるLVMHグループのオーナーのアルノー氏の手に渡った。アルノー氏はフランス一の資産家としても有名である。このことを、つい、昨日の出来事のように私は覚えている。なにしろイケムがワインに関係のない一企業家の所有になったというので、まるで天地がひっくり返ったかのように、ワイン業界に限らず一般の間でも大変な話題になった。でも、もう十年以上も昔の話になってしまった。それに、遺産相続の問題でシャトーのオーナーが代わるのは、案外とありふれたことである。ただ、イケムのように話題にならないだけなのだ。

リュル・サリュース家は中世から続く古い家柄で、一五世紀からの家系図を持つ貴族である。イケムを手放した後、リュル・サリュース氏はもともとの居城であるシャトー・ド・ファルグに拠点を移した。数代前のファルグの城主が、イケム城とその畑を婚資に嫁いできたプリンセスを迎えた時から、ファルグの城主はイケムの畑の所有者にもなったのだった。

ファルグでもワインを作ってはいたけれど、家族やシャトー・デ・イケムで働く人たちのための日常用の赤ワインであったという。また一部、並みの等級の甘口白ワインも作っていた。それらを、リュル・サリュース氏は極上の甘口白ワインに切り替えた。新しく葡萄の木を植え、葡萄畑の面倒から、あの有名なボトリティス・シネレアという貴腐カビが付く葡萄の手入れ、ひと房ではなく葡萄の粒を選ぶ長期間の葡萄摘み、醸造方法など、何もかもイケムと同じ技術を駆使して作り上げたシャトー・ド・ファルグのおいしさは、今、ソーテルヌの甘口白ワインの中で、イケムに次ぐ位置にある。リュル・サリュース氏の情熱のこもったワイン作りには驚嘆するばかりだが、氏は実に穏やかで、イケムを手放した後の労苦を微塵も見せない。エレガントな紳士でいらっしゃる。

ただイケムはやはりイケムである。リュル・サリュース氏がイケムとまったく同じ方法でイケムの畑から目と鼻の先にある場所でファルグを作っているにせよ、イケムとファルグの味わいははっきりと異なるのである。二つの畑は土壌が違うし、局地的な気候、フランス人は「ミクロクリマ（微気候）」と言っているけれど、土壌とミクロクリマは自然のものであり、これは人知の及ぶところではないようだ。こういう例はワイン産地では、珍しくない。たとえば、ロマネ・コンティ社のロマネ・コンティとラ・ターシュはともに特級銘柄で、二つの葡萄畑は隣どうしであり、丹精を凝らす手も、醸造技術も同じなのに、二つのワインの味わいは面白いほどに違う。一方が女性的なら、他方は男性的な個性を持つ。ワイン作りのミステリアスな魅力の一つである。

リュル・サリュース氏がイケムを去った後も、ソーテルヌの甘口白ワインの中でのイケムの地位と名声は少しも揺るがず、一八五五年の格付け以来、特別第一級を維持している。イケムの伝説的な甘美さ、えもいわれぬ芳香、グラスに太陽の光を詰め込んだようだといわれる黄金色は、まさにネクター（神にささげるワイン）にふさわしい。そのことを世界中のワイン好きが認めているのである。ソーテルヌの白ワインの名声とイケムの伝説的な名声はリュル・サリュース家が二百年かけて作り上げたものだ。たとえば、ロシア皇帝が前代未聞の値段でイケムの一樽を買ったとか、アメリカのトーマス・ジェファーソンは一八五五年の格付けの前に早くも目をつけていたとか。

アレクサンドル・リュル・サリュース氏が手がけた一九六七年から二〇〇四年のイケムは、この百年のうちで品質がもっとも安定していると、フランスのワイン専門家は評している。

甘口の白ワインと言えば、ボルドーのソーテルヌ地域のものが有名だが、フランスには他にもロワール地方のコトー・デュ・レイヨンやヴーヴレ、アルザス地方のゲヴュルツトラミネール、南仏のミュスカ・ド・ボーム・ド・ヴニーズ、ピレネー地方のジュランソン、シャラント地方のピノ・デ・シャラントなどがあり、それぞれが独特の個性と風味を持っている。どのワインも素敵ではあるけれど、私は辛党のせいか甘口のワインにはあまり手を伸ばさない。

たまに飲むとなれば、やはりソーテルヌの白ワインを選ぶ。それもイケムを飲みたい。とはいえ、なかなか飲めるはずがない。なにしろ、非常に贅沢なワインなのだから。一本の葡萄の木からできるイケムはわずかグラスに一杯、年によっては半杯のこともあるそうだ。それだけに値段のほうも並みではない。

イケムに限らず、ソーテルヌのワイン作りには大変な人手と手間がかかっている。それというのもボトリティス・シネレアという貴腐カビのせいである。いや、貴腐カビのせいなどといっては口が曲がってしまう。この貴腐カビこそが比類のない天然の甘さと気品に満ちた香りを生むのである。砂糖などは一粒だって必要ない。

でも、実際のところは、葡萄に貴腐カビが付き、葡萄の実がぶよぶよし始め、強い日差しを浴びて水分が抜けて干し葡萄のようにしわができ、カビが灰黒色に変わって粉を吹いたようになった葡萄の房を見れば誰でもぎょっとする。見られたものではない。干からびて灰黒色になった葡萄を最初に圧搾した人は大変に勇気があったといえる。

結果として、悪魔じみた様子の黒い葡萄から、天使のような甘さの黄金色のワインが生まれたのである。しかし葡萄摘みの季節のソーテルヌの葡萄畑はお世辞にも美しいとはいいかねるだろうなと思う。葡萄の木にはこの貴腐カビが粉を吹いてしわくちゃになった灰黒色の房が連なっているからである。でも、透きとおった緑の葡萄がたわわになる夏の葡萄畑はこの上なく美しい。

思えば、昔は食べ物がよく腐った。冷蔵庫に保存してさえ、うっかりすると、羽毛のような黒いカビが生えていたりしていやーな気分にさせられることがあったものだ。この頃は冷蔵庫に入れなくても、滅多に腐ることはなくて、カビを見かけることがなくなった。この現象はカビよりも気味が悪い。

ソーテルヌという名は世界的に有名だけれど、ボルドー市の郊外の外れはガロンヌ川に面した小さな地域であり、いくつかの村がある。地域のほぼ真ん中をシロン川が流れていて、秋になると、朝、シロン川から靄が湧き、靄は湿り気が多くて生温かく、厚い霧になって、ヴェールのようにソーテルヌの村や葡萄畑や森を覆う。太陽はおずおずと目を覚まし、ゆっくりと霧の幕を開け拡げ、午後には素晴らしい日差しをソーテルヌにもたらす。この霧が貴腐カビを発生させる主要な原因であるらしい。ガロンヌ川で発生する霧とはまったく性質が違うと言われている。

ところで、アレクサンドル・リュル・サリュース氏が去った後、アルノー氏はイケムの総ディレクターに三十四歳の若い醸造家ピエール・リュルトン氏を起用した。二〇〇四年のことである。リュルトン家はボルドーで二十五のドメーヌを所有し、その葡萄畑は合わせて一六〇〇ヘクタールにおよぶという。

ピエール・リュルトン氏は、なんだか葡萄畑で生まれて、醸造所で育ったよう。快男児の風貌だ。イケムだけでなく、やはりLVMHグループのアルノー氏が所有するシュヴァル・ブランの総ディレクターでもある。二〇一一年の秋、私はシュヴァル・ブランの葡萄摘みに参加した。その折、氏は他の葡萄摘みの人たちと少しも変わらない服装でゴム長靴を履き、手に鋏とバケツを持ち、率先して葡萄畑に入って指揮をしていた。それまでに、パリのアメリカ大使館での夕食会などで二度ほどお会いしたことがあったけれど、氏は実に快活で、心から楽しそうによく笑うのを、この時、知った。

そして、二〇一二年。毎年一一月の二週目にイタリアのコモ湖畔はヴィラ・デステ・ホテルで主催されるワイン・ダヴォスのシンポジウムで、またピエール・リュルトン氏にお会いした。利き酒とともにイケムについて特別講演されたのだ。席は限定で、入場料は高かった（こんなことは、リュルトン氏はご存じあるまい）。こういう機会はそうあるものではなく、私は思い切って出席した。利き酒のミレジムは二〇〇九年、二〇〇五年、二〇〇一年、一九九〇年、一九八八年、一九八二年、一九七〇年、一九六七年、一九五九年である。豪勢そのもの。授業料は高かったけれど、それ以上に学ぶことがあり、心を揺さぶられるほどに感激した。

イケムは天然の甘口ワインであり、長期の保存がきく。それだけにワイン通の多くが、イケムは少なくとも十年は寝かせるべきだと言う。できれば二十年、いや三十年。若いイケムは飲んではいけないと言わんばかりだ。でも、この利き酒で一番に感じたことは、私はイケムの味をよく知っているとばかり思っていたのに、実は何も知らなかったに等しいということである。

私がなじんでいるイケムの味は若いミレジムであることを知った。二〇〇九年はまだ黄金色には遠いけれど、さわやかな風味で、ほんのかすかに苦みがあり、甘みと酸味の調和が絶妙であり、その甘美さと言ったらない。天にも昇るかのようにうっとりした。二〇〇五年もなじみのイケムの味。色は透明感のある軽やかな黄色。金木犀(きんもくせい)の香り。二〇〇一年は二〇〇五年より完璧なイケムの味。私がイケムの味に酔いしれたのはここまでといってよい。

ふつう利き酒では、口に含んだワインは吐き出してしまうが、この時は一滴も残さずに飲み干した。ミレジムが古くなるほど、風味も濃厚になり、風格が増し、とろりとしたまろやかさが甘みに一段と加わり、色はいずれも琥珀色に変わっていた。梨の香りと、梅酒にも似た味を微妙に感じた一九八八年のミレジムが私には印象に残った。この年は、イケムの中で最も偉大なミレジムの一つだそうだ。一九六七年はイケムを代表する完璧な味わいで、あと百年ぐらいも寝かせておけるという。

これらの古いイケムをカラフ入りで出されたら、私はとうていイケムの味とは見抜けまい。ひたすら圧倒されて、しばらくものをいう気になれなかった。でも、若いイケムの味わいも「いける」と見直したのはこの時である。

それから一年後、一〇月の終わりのある日、フィガロ紙にグラスを持ったリュルトン氏の写真が大きく載った。それは一ページにわたるイケムのルポルタージュで、タイトルは「ピエール・リュルトン『若いイケムは即座の楽しみ』」とあり、嬉しくなって記事を読んだ。

「若いイケムを九度ぐらいに冷やしてサーヴィスすると、みんなわっと喜びます。現代的な遊びの一つですよ。今まで誰もあえてそうする勇気がなかった。たとえば例外的なミレジムの一九八八年を飲むと、今まで待ったかいがあったと思うものの、もっと早く飲んでもおいしかったのではないか。若いイケムの新鮮さと純粋な味わいも素晴らしい魅力があるものです」と、リュルトン氏の発言は挑発的だった。

その後、偶然にリュルトン氏にお会いした時、「イケムは九度で飲むことにいたします（つまりは若いうちに飲むということ）」とごあいさつをすると、リュルトン氏は「あっはは」と快活に大きく笑った。

シャンパーニュをワイルドに飲んでみよう

シャンパーニュは言いようのない摩訶不思議な魅力を持つ。だいいちシャンパーニュと聞いただけで人は笑顔になり、空中に栓が飛ぶと無邪気に笑う。シャンパーニュが現れた一八世紀の昔から変わらない微笑ましい光景だ。そして一杯やれば、たちまち機嫌がよくなり、話が弾む。泡がこの摩訶不思議を生むらしい。すずやかで颯爽とした泡は一瞬のうちに人を魅了してしまうのである。

「シャンパーニュの泡は、素早く、心地よく頭脳を刺激する（科学的にも証明されているそうだ）。そのうえあふれるような華やぎをそえて。これほどの飲み物はシャンパーニュのほかにはあるまい」と、フランス人は鼻を高くして言う。

シャンパーニュは一七世紀の終わりにイギリスで発明されて爆発的に流行り、その流行は一八世紀の初めにフランスに飛び火した。ワインを生産しないイギリスはボルドーを始めフランスのワインを大量に輸入していたが、シャンパーニュ地方のワインは大変に人気が高かった。

というのも軽くて品がよく、アンリ四世やルイ一四世などのフランス王が好んで飲んだ由緒あるワインとして知られていたからである。でも、そのワインは発泡性ではなかった。ウズラの目と形容される薄い赤色のワインと灰色がかった白ワインであった。

当時、イギリスはすでにシャンパーニュに必要な肉厚の重いガラス瓶を製造する技術を持っていた。瓶の製造に必要な燃料の石炭も豊富に産した。しかもイギリス王妃の出身地であるポルトガルはコルクの産地であり、そのコルクを栓に使用した。シャンパーニュに必要なお膳立ては揃っていたのだ。輸入した白ワインが二次発酵するところに目を付け、それが泡の出るシャンパーニュの開発につながったといわれる。チャールズ二世の時代のことである。ルイ一四世の従兄だったこの王様は大変なフランスかぶれと評され、宮廷でシャンパーニュを景気よく飲んだ。なによりの宣伝になったに違いない。

フランスの一八世紀の才人のなかでとりわけ名高い啓蒙思想家のヴォルテールは、「社交界」という詩の中で、こううたっている。

稲妻が栓を吹き飛ばすかのように
瓶口から圧縮された泡が力強くほとばしる。
栓は去り、人々が笑う、栓が天上を撃つ。
この爽快なシャンパーニュの弾ける泡こそは、
われらフランス人の輝くイメージだ。

ジャン＝ロベール・ピット著『ワインの世界史』（幸田礼雅訳、原書房）よりヴォルテールはその才気をフランスばかりかヨーロッパじゅうでもてはやされたけれど、ヴォルテールのゆくところシャンパーニュありだったのだろう。「シャンパーニュの弾ける泡こそは、われらフランス人の輝くイメージだ」とうたっているが、われらフランス人をヴォルテールに置き換えてもおかしくなく、本当は自分自身、ヴォルテールの輝くイメージだと言いたかったのではないか。などと思うのは考え過ぎかしら。

ヴォルテールはマダム・ポンパドールのサロンにもよく招待された。マダム・ポンパドールはルイ一五世の愛人としてあまりにも有名だ。町人階級から侯爵夫人に出世して政治的な手腕を発揮し、その名と才色兼備は、やはりヨーロッパじゅうに聞こえていた。夫人もまたシャンパーニュに目がなかったようだ。こんな言葉を残している。「飲んだ後も女性が美しいのはシャンパーニュだけです」と。フランスのもっとも優雅な時代のルイ一五世の宴会を取り仕切っただけに、夫人は繊細な舌を持つ食通という評判が高かったが、優れたワイン通でもあったようだ。この言葉が正確に証明している。コンティ公と争って惜しくもロマネ・コンティを手に入れそこなったが、その代わりボルドーのシャトー・ラフィット・ロチルドをルイ一五世の宴会に披露した。この超特級の赤ワインは現代でも繊細さと優美さで知られているけれど、まさにポンパドール夫人のイメージにふさわしい。飲んだ後も女性が美しいのはシャンパーニュに限らず、いいワインのすべてに言えることなのである。飲んだ後も女性が美しいというのは、悪酔いをせず頭痛などがなく優美にしていられるという意味だ、と私は思う。それで安心して飲めるのである。

と、ここまで書いたところで、夏の終わりに、リシャール・ジョフロワ氏から夕食に招かれ、飛び上がった。嬉しいかぎり。神さまの存在を思うのはこんな時である。あまりにも思いがけないのだから。ジョフロワ氏は、シャンパーニュの代名詞のごときドン・ペリニョンの大醸造長である。フランスでは錬金術師の異名があり、その名を馳せている。

いつだったか、ジョフロワ氏には、モエ・エ・シャンドン社がエペルネに持つサラン城で夕食会を主催した折にお会いした。食卓で、ほとばしるような情熱をこめてシャンパーニュについて口早に語る氏は実に印象的で、「また、お会いできますように」と思ったものだ。でも、五年以上も前のことである。私は逸(はや)る胸をおさえつつ、シャンゼリゼ大通りは凱旋門に向かって右側の樹立ちのなかにあるレストラン「ローラン」に入った。会席者はジョフロワ氏のほか、氏の友人であり、私たちもよく知っている医師のミシェル・ギシャール氏、そして私たち夫婦の四人だけだった。ギシャール氏は以前に「ボルドー」というワイン雑誌を発行していたこともあり、大変なワイン通である。

テーブルに着くと、早速、ソムリエが慣れた手つきで、ドン・ペリニョン・ブリュット（辛口）・ミレジメ二〇〇四を、グラスに注いだ。満十歳だ。透きとおった明るい黄金色。空っぽだったグラスの底からふつふつと湧き出るように、リズミカルに泡が立ち昇る。一杯のグラスの手品だ。グラスを鼻に近づけると、颯爽とした芳香があふれ出た。思わず四人は無言で顔を見合わせた。口には出さずとも、胸の中の思いはおたがい手に取るようにわかる。柑橘類の花や果実の甘味や酸味や苦味が複雑に溶け合った風味は清らかで、芳醇。うっとりするほど快い。

日ごろ、私はオレンジやグレープフルーツやミカンなど柑橘類の果物をよく食べる。レモンも台所に欠かしたことはない。目で色を、鼻で匂いを、口で果実を味わう。甘いのも、酸っぱいのも、苦いのも大好きだ。この頃はすっかり手に入りにくくなってしまったが、乾燥させたオレンジの花びらをハーブティーの要領で飲むのが好きだ。苦味を味わうための素敵なティーといってよい。でも、なによりも、オレンジやレモンやミカンの花の匂いが好きである。小さいけれど白い五弁の花びらは少し厚みがあって両端がわずかにそりあがり、あたりにえもいわれぬ魅惑的な甘い香りを放つ。

オレンジの花の香りはリュクサンブール公園の鉢植え（といっても、正方形の木の鉢は大きくて私の背ほどの高さがあり、冬になると温室に移される）で、レモンやミカン（観賞用）の花の匂いは我が家の窓辺の鉢植えの木で楽しむ。レモンはクリスマスの頃に果実のついた木を毎年のように買うけれど、窓辺では育てるのが難しい。花が咲いて、小さな小さなレモンの実をつけるが、豆粒の大きさにもならないうちに落ちてしまう。でもミカンの木は八年になる。木は次から次へと花をつけ、香りは素晴らしい。柑橘類の花の匂いを身近で楽しむのは偶然のことだが、面白いことにワインの利き酒にとても役に立つ。一度、グレープフルーツの花の匂いを嗅いでみたいなと思う。

それにしても、このシャンパーニュのなんという若々しさ！　なんという力強さ！　ひたすら目を丸くした。満十歳だが、二〇一三年の春に売り出されたばかりである。それまで、エペルネの酒蔵で大事に育てられた。ミレジム付きのシャンパーニュは、葡萄の当たり年だけに作られるもので、ドン・ペリニョンに限らず、クリュッグでも、ボランジェでも、ポル・ロジェでも、醸造のあと十年近くも自社の酒蔵で熟成させる。それだけに味わいが深い。そしてちょうど飲みごろと思われるころ、売りに出されるのである。ミレジムのついていない普通クラスのシャンパーニュとは比べられないほどおいしい。その分、値段も高い。十年「寝かせていただいた」という熟成の時間代が含まれているように思われる。十年というのは現実にはあっという間にたつものの、十年待つというのは早いようでいてなかなか大変なことなのである。

大急ぎで話を戻そう。アペリティフで利き酒を楽しんだ後、私たちはやっと献立表に手を伸ばした。二〇〇四年はドン・ペリニョンの典型的な味わいであり、オマール海老や魚介料理などによく合うそうだ。日本が大好きというジョフロワ氏は、懐石料理にも素晴らしくよく合いますと得意そうに言い添えた。

私は前菜に鯛の刺身のフランス風、主菜にオマール海老のロティ、デザートはフランボワーズのスフレを選んだ。

前菜の一品が運ばれて来た時にも、私たちはそのまま清爽なミレジメ二〇〇四年を飲み続けて料理に舌鼓を打った。

前菜の皿が下げられた時、シャンパーニュが白からロゼに変わった。

ドン・ペリニョン・ブリュット・ロゼ・ミレジメ一九九三が新しいグラスに注がれた。今年二十一歳である。胸をドキリとさせる素敵な色だ。淡いサーモンピンクにうすい灰色がほのかにかかった色。真珠にも似た気品のある光沢があり、抗しがたい魅力に満ちている。めったに出会える色ではない。夕焼けに見惚れている時などに、ふいに目にする色だ。夕焼けの色は刻々と変わり、ほんの束の間現れて虹のように消えてしまう。

微妙な色合いのワインに出会った時、私は食卓でその色を目に焼き付け、家に帰ってきてから、大急ぎで『日本の伝統色』という本を見る。この本によれば、この日のシャンパーニュのロゼは洒落柿か梅染めかといったところ。日本の色の名前はほれぼれするほど粋だ。洒落柿について、この本はこんな風に説明している。「洗柿よりさらに淡く、薄柿よりやや濃い色をいう。柿の実の色から来た色名で、オレンジ系の色名として柿色は幅広い範囲を指して用いられる」。ロゼというとローズ色、ピンク色を思うが、シャンパーニュのロゼは、ふつうオレンジ系の色である。

すっかりグラスの中の色に魅入られてしまって、ふと顔をあげると、ほかのみなさん、グラスをゆさぶるようにぐるぐる回してはグラスを鼻先にあてて香りを楽しみ、シャンパーニュを口に含んでは感嘆の目を瞠っている。私もさっそくまねをした。薔薇の花の匂いが品よく漂う。薔薇の専門家であれば、きっと薔薇の花の種類を当てるに違いない。ぐるぐるまわすほどにきめの細かい美しい泡があふれるように沸き立つ。優しさや気高さといったものが一緒に立ち昇ってくるようでもある。楚々とした柔らかな口当たりなのに、豊満な味わい。そして、さわやかな趣。夢心地に陥るようなおいしさだ。欠点は何一つない。

驚いたことに、泡立ちのために、その泡をより長い間保つためにとイギリス人が造りだしたシャンパーニュ用の口が小さくて逆三角形をした細長いフリュートと呼ばれるグラスではなく、赤ワイン用の大ぶりのチューリップ型のグラスを私は手にしていた。だからこそ、グラスを大きく揺すぶって豊かな風味を味わうことができたのである。思えば、アペリティフの白の二〇〇四年の時から、ずっと同じ形で同じサイズのグラスだった。ロゼの時も同じだが、新しいグラスに取り換えられた。たしかに、フリュートではこういう大胆な味わい方はできない。これは初めての経験だ。実に素晴らしい。極上のシャンパーニュであれば、泡立ちのためとか、泡を長持ちさせるようにと考えるには及ばないのだ。それにしても、一七世紀に考案されたフリュートがいまだになぜ使われているのだろうか。考えてみれば不思議なことである。

料理はオマールまるごとのロティ、付け合わせは目の覚めるような緑色のそら豆。「ローラン」の料理は伝統的で申し分ない。

主采もチーズもデザートも、ドン・ペリニョン・ブリュット・ロゼ・ミレジメ一九九三で通した。

四人で、白の辛口二〇〇四年を二本、ロゼの辛口一九九三年を三本、しめて五本。私たちはふんだんに飲み、ひたすらドン・ペリニョン・ブリュット・ミレジメの味わいを心ゆくまで堪能した。このシャンパーニュはこの料理にふさわしいとか、チーズやデザートにはどうかというこせこせした話は誰の口からもまったく出なかった。料理にも、チーズにも、デザートのフランボワーズの甘いスフレにも、シャンパーニュの味わいは勝っていた。

型破りで、豪奢で、実におしゃれなシャンパーニュの味わい方をしたものだ。シャンパーニュを飲む喜び、味わう喜びに満ちていた。

「ローラン」というパリでも指折りの美しい場所、会席者の全員がすでになじみの店、優雅で親しみに満ちた雰囲気、伝統的なフランス料理（ミシュランの二つ星）、非の打ちどころのないサーヴィス、ドン・ペリニョンの辛口・ミレジメ付きの白とロゼという極上のシャンパーニュ、四人に対して五本という豊かな量、飲み手の顔ぶれの自由な個性などが打ち揃う、こんな機会はまたと望めまい。

これまでにも、飲み物はシャンパーニュだけという贅沢なフルコースの食事の経験は何度もしている。ところが「シャンパーニュだけの食事というのはなかなかきついものですね」などとうそぶくことがあった。罰あたりもいいところ。豪勢だと感じるくせに、白状すれば、食事の後で余韻が残るような感激はなかった。アペリティフなどで有名な銘柄のミレジム付きのシャンパーニュを飲んだりすると、心から「わー、おいしい」と感嘆の声をあげる。で、もう一杯飲みたいと思うことがあるけれど、なにしろ値の張るワインだから、これは叶えられないことが多い。またしても罰あたりに、「おいしかったけれど、今一つ味がわからない」などと言ってしまう。どこか物足りなかった思いが残っているせいである。

この夏の宴のあと、あまりにも型どおりにシャンパーニュを飲んできたことを反省した。気取らずシャンパーニュを飲んでみよう。たっぷりと、ワイルドに飲むべきなのだ。

まず、グラスを変えよう。細長いフリュートではなく、ふっくらとしたチューリップ型に。当時は牡蠣の季節。手始めに、一八世紀にジャン・フランソワ・ド・トロワが描いた「牡蠣の昼食」を、日曜の昼に家でも楽しんでみよう。この絵はパリ郊外のシャンティイ城・コンデ美術館にあるけれど、見るだけで自分がそこにいるかのように胸がわくわくし、シャンパーニュを飲みながら生牡蠣が食べたくなる。

シャンパーニュは値段が高いとばかり思い込んでいたが、ブルゴーニュのちょっとおいしいグラスの白ワインと変わらない値段のものもたくさんある。なにもミレジム付きを張りこむことはない。その代わりたっぷりの量を用意しよう。行きつけの露天市場に大西洋はオレロン島直送の素晴らしくおいしい生牡蠣を売る屋台が出るから、牡蠣はこれでよし。レモンはイタリアのソレント産が欲しいけれど、これは手に入りそうもないからスペインの有機栽培の極上品を。バターはノルマンディの酪農家の手作りの物を。パンは近所のメゾン・カイザーの田舎パンを。食卓には白のテーブルクロスを。友人を四人ぐらい。さてシャンパーニュはなにを選ぼうか。これは内緒です。

いいワインとは何か

いいワインというのは身体の中を循環している血液にすっと溶けこむ。そこがよい。自分の血となることが身体ではっきりと感じられる。なんだか嬉しい気持ちが湧きあがってくるのだ。顔つきがなごむ。元気が出る。頭の回転だって早くなるのですよ。

たとえば……。私はときたま、ぶらりとルーヴル美術館を覗く。今日は古代オリエント文明だけとか、一五世紀のフランドル派の絵画だけとか、ニコラ・プッサンの「四季」だけと決めて緩急自在に見物する。

先日、古代ギリシャ文明の展示室を次々と見て歩いていた時、人の輪が幾重にもできている賑やかな場所に出た。おやっと訝ると、黒山の人だかりの真ん中にミロのヴィーナスの顔と豊満な胸が覗いて見えた。まあ、お久しぶり。圧倒されるようなグラマーぶりだ。

この彫像を見るためにルーヴルに来たのは、もう、大昔のこと。でもこれほどの人はいなかった。よく見ると、人垣をつくっているのは中国人である。彼らはまずヴィーナスをカメラに収め、次にヴィーナスの前でポーズを決めたところを自分の仲間に撮ってもらい、最後に説明文を撮る。

みんなが臆面なく無邪気にやっている。さすがは大国から来た方がた。なんというおおらかさ。

中国人の団体の波が引き、人影がまばらになるのを待って、少し離れた場所から気品に満ちたヴィーナスに見とれた。こんなのは道草もよいところ。ヴィーナスの全体像を目に焼き付けてから、別の展示室に移った。

そして、私の目を惹いたのは大きな混酒器（紀元前四世紀ごろの作品）。どっしりとした形のよい土器で、プラトン作の『饗宴』に思いを馳せたくなるようなシンポジウムの様子がいくぶんユーモラスに装飾として描かれている。

『饗宴』のギリシャ語の原題は「シュンポシオン」であり、ともに楽しんで飲むという意味だという。なるほど絵柄の中の誰もがくつろいで飲んでいる。描かれている人物は一見同じようだが、よく見るとそれぞれが鼻の形さえ違う。私は土器の周りをぐるぐると何回も回り、その混酒器をじっくりと眺めた。古代のギリシャ人はワインに水を混ぜた。ワインを生で飲むのは野蛮といわれた。ふつうワインと水の割合は一対一だった。混酒器はそのための器である。そこから、なぜか口が三つもついているオイノコエと呼ばれるワイン壺でワインを汲み取り、平べったい陶器の碗に注ぐのである。

と、美術館員の一人が私のそばに寄ってきて、低い声で囁いた。あまりにも微に入り細をうがって見ていたせいで何か不審を抱かれたのだろうか。驚いて館員の顔を見ると、「閉館の時間です。出口にお急ぎください」と言う。

「えっ、もうそんな時間」私は慌てた。もう、とっくに家に帰っていて夕食の支度を始めなければならない時間だ。こういう時に限って何の支度もしていない。まるで迷路のような展示室の出口から出口へと大急ぎで歩くうちに急に喉の渇きを感じた。なにしろルーヴルは大きい。道路に面した出口にたどり着くだけでも、二十分や三十分はかかってしまう。やっと通りに出た時は足がもつれ、喉がカラカラだった。カフェに入りたいのを我慢して地下鉄に飛び乗った。

息せき切って家にたどり着くと、台所に入り、グラスに赤ワインを注ぎ、へたるように椅子に腰をおろして飲み、ふっと一息ついた。こういう時、不思議と水は頭に浮かんでこない。ジュースは朝食に飲むものと決めている。もうちょっと余裕がある時ならば、台湾は海抜二五〇〇メートルの梨山の茶畑で穫れた香りの高い烏龍茶を丁寧に淹れる。でも、この日のように切羽つまっているときはなんといってもワインがよい。経験によるものだが、少なくとも、日本で大量に売られている即効性のある小さな瓶入りのビタミン剤や強壮剤より、ずっと効き目があると思っている。それになんと言っても、ワインは天然の食品である。

ほぼ飲み終えつつあった時、夫が帰宅して台所に顔を出した。

「もう、飲んでいるの。早いね」と言う。ルーヴル美術館から戻ったばかりでふらふらであることを説明した。「ほう、あなたはロミリー女史と同じことをするのだね」と、また夫は言う。

ロミリー女史とはジャクリーヌ・ロミリー氏のことで、ギリシャ語、ギリシャ文学、ギリシャ哲学、ギリシャ文明の大家である。数年前に亡くなられたが、ソルボンヌ大学の教授からコレッジュ・ド・フランスの研究者となり、女性としては作家のマルグリット・ユルスナール氏に次いで、アカデミー・フランセーズの会員に選ばれた高名な人物である。

だいぶ前、夫はリヨン大学が主催したシンポジウムで講演をした。その時、ロミリー女史もいらしていて講演された。偶然、パリまでの帰りのTGV（フランスの新幹線）が同じで、座席も近かった。女史は座席に落ち着くと、どこで手に入れたのか赤ワインの瓶を、革カバンの中からやおら一本取り出した。「めちゃくちゃに疲れているの。こういうときはワインを飲むに限るのよ」と、八十歳に近い女史は目を細めて言ったそうだ。ふだんから男勝り、さすがに豪胆だ。人の目なんか少しも気になさらない。私も汽車の中でワインを飲むけれど、昼食に手製のサンドイッチを持参した時のことであり、飛行機に乗った時などに出される小瓶と同じサイズの容器に詰めたもので、一本の四分の一ぐらいの量である。それに汽車の中で食事に関係のない時間にワインの瓶を一本開けて飲む勇気はない。

「まあ、いいお話ね。どうしてもっと早く話してくれなかったの」と、私。そうこうしているうち、身体が蘇ってきた。料理を始めたのは言うまでもない。

「神様は水を創ったけれど、人間はワインを創った」といったのは、一九世紀のフランスの国民的な作家ヴィクトル・ユーゴーである。『レ・ミゼラブル』や『ノートルダム・ド・パリ』の作品は日本でもおなじみだ。世界中にファンがいる。初め、ワインは偶然に生まれたものらしい。でも、その偶然を生かし、より高度で洗練された飲み物のワインにするために、人間は多大な努力をしてきた。しかも、あらゆる時代を通じて途切れることなく。それは今も続いていて、現代の優れた醸造家はより品質の高いワインを作ることに心血を注いでいる。人間のワインに対する情熱は計り知れない。

地上にこれほどまで人を魅了した飲み物はあるまい。

旧約聖書によれば、キリスト以前に、ユダヤ人の神様のヤハヴェは、「ワインは人の心を喜ばす」と言い、「神に献上するワインは最上のものを」と要求している。ワインは心ばかりか、疲れた肉体を回復させ、精神を高揚させ、人間を元気にする飲み物として、すでに古代の人々は認識していた。さらにワインに殺菌力があることも知っていた。

古代の人たちは体験でそれを知っていたわけである。ワインは滋養や治療のためにも長い間飲まれ続けてきた。でも科学的に研究され、それらが本当であることが実証されたのは、やっと二〇世紀に入ってからのことである。

もっとも、今でも、どこかのワイン産地に少し滞在してみれば、体験的な話は暮らしの知恵としてあちこちで生きている。

ごく最近、ブルゴーニュのある有名な醸造家のマダムから聞いた話をひとつ。マダムの親戚にAさんという女性がいて、四十六歳の時、三人目の子供ができた。子供は無事に生まれたものの、Aさんは非常に衰弱した。産後二日目、クリニックの産婦人科医は栄養分の補給のための点滴を考えたが、代わりに「今日はいい赤ワインをたっぷり飲んでゆっくり休んでください」と言った。なんて素晴らしい先生かしら、と私は思う。まずは天然の体力回復剤を勧めたのだから。Aさんの夫は家にとって返し、地下の酒蔵からとっておきの古いラ・ターシュを選んでクリニックに引き返した。Aさんは昼食にも夕食にもラ・ターシュを喜んで飲んだ。大昔から、赤ワインが強壮剤の役目を果たすことはよく知られている。しかもラ・ターシュといえばロマネ・コンティ社でのみ作られる特級の赤ワインであり、天下の銘酒である。それはよく効くに違いない。はたして、Aさんは点滴をしないで済んだという。

ブルゴーニュの上質の赤ワインは種々のビタミン、タンニン、豊富なミネラル、とりわけ鉄分が豊かに含まれ、滋養に富み、疲労や病後の回復期に飲むとよいといわれている。

ブルゴーニュでのエピソードをもうひとつ。友人のマドレーヌは先代のロマネ・コンティ社の醸造長だったアンドレ・ノブレ氏の奥さんで、剪定の名人として名を馳せていた。ノブレ氏が亡くなった後、一人で暮らしていたが、子供たちの希望で、二〇一三年からニュイ・サン・ジョルジュ町の老人ホームに移った。確か八十五歳だ。この夏訪ねてみると、「ここはお昼にグラス一杯の赤ワインが出るのよ」と、嬉しそうに言った。お昼に一杯飲むと、みんな機嫌がよくなり食卓がなごむそうだ。さすがはワインの町にある老人ホームであると、私はすっかり感心してしまった。経営者はワインの効用をよくご存じなのだ。

Aさんの話にしても、マドレーヌの話にしても、ブルゴーニュであればごく自然である。でも、パリではこうはいくまい。ワインをアルコール依存症の原因の一つと決めつけて悪い例しか考えられないような人がいっぱいいるからである。仮にAさんのご主人がパリっ子でワイン文化に興味のない人であれば「医者が妻にワインを飲めと言うなんてけしからん」と思うかもしれないし、パリ近郊の老人ホームでワインを出すなんて話は聞いたことがない。ワインを飲まず、ワインについて知らない人ほど、ワインをアルコール依存の原因とみなす人が多いのは実に不思議なことだ。フランスでは、アルコール依存症になる人はワインを生産しない地方に多く、ワイン産地では非常に少ない。ワインを生産しない地方では、ウィスキーやジン、ウォッカなどのアルコール度数が高い酒を飲むことが多い。それが原因だと言われている。

ところで、ワインについての本を読むと、ワインには殺菌力があるという話に時々ぶつかる。葡萄の皮や種や果汁に含まれるフェノール化合物という物質のおかげらしい。たとえば、医学の父と呼ばれる、古代ギリシャの医者ヒポクラテスは、外科的な傷の手当てに赤ワインをよく使ったといわれる。

秋から冬にかけてのパリのご馳走である生牡蠣を食べる時、白ワインを飲むのは、生の食物の病原菌を殺す力が強いからという理由を知った時、私は「あっ」と驚いた。生牡蠣と白ワインのクラシックな組み合わせなど、私には神様の贈り物としか思えない。揺るぎのない絶妙な組み合わせである。今時流行りの料理のように、同じ皿に甘いソース、辛いソース、酸っぱいソース、クリームソースなどがおはじきのように点々と飾られている一皿に、ワインはなにがよいかなどと頭をひねる馬鹿らしさが微塵もない。

思えば、「フランス人はワインを水代わりに飲む」という文章を私は何度読まされたことか。孫引きのそのまた孫引きかもしれない。初めにそう言った人は誰なのか。おそらくフランス人ではなくて外国人に違いない。「ワインを水代わりに飲む」という表現は、ワインが大好きで、水など飲めるものかというイメージを喚起する誤解に満ちている。実際には衛生面や味の点で飲むに耐えない水が多いせいで、ワインが飲まれていたことも考えられるのである。パリの水道水はまずいけれど、「赤ワインで割って」飲む人がいる。赤ワインを五、六滴たらすだけでもぐっと飲みやすくなるし、食事も進む。これは一石二鳥の生活の知恵といってもよいだろう。

ナポレオンはブルゴーニュの特級赤ワインのシャンベルタンを好んで飲んだといわれているが、ふつうは特級のシャンベルタンを飲む機会などめったにあるものではない。一年に一回飲む機会に恵まれれば、私など幸せに感じるものだが、さすがにナポレオン。しょっちゅう特級のシャンベルタンを飲んでいた。ところが、ナポレオンは特級のシャンベルタンを水で割って飲んでいたものらしい。この話をすこし気取ったワイン通が聞こうものなら、たちまち鼻白み、ナポレオンはワインを知らなかったのだといって軽蔑するのがふつうである。最後はセントヘレナ島に流され孤独に死んでいったとはいえ、あれだけの英雄である。私には解(げ)せなかった。

でも、ある日、切れていた電気がぱっと点いたように、私はあることに気がついた。ナポレオンはヨーロッパじゅうを駆け巡った人である。水にあたって腹を壊したと言って寝込むなどという不手際をするはずがない。本当は水を飲みたいのに、水に信用が置けないから仕方なくグラスにシャンベルタンを注ぎ、水をたくさん注いで飲んでいたというのに過ぎないのだ。こう考えた時、フランス学士院の会員でナポレオンの専門家として有名なジャン・テュラール氏にこの思いつきを話してみると、果たして「その通りですよ」と同意してくださり私は小躍りした。ちなみに、貧しい人は酢を水で割って飲んだものだという話を耳にしたことがある。

二〇一四年の三月、フランス・ワイン・アカデミーでは「ワインと健康」というタイトルのシンポジウムをパリ市内の国立ピティエ・サルペトリエール病院で開催した。その折、「ワインは心臓と動脈の友であるか？　ワインという飲み物は、ほどよく飲めばこれほど健康によい飲み物はない」と、フランス国立医学アカデミーの名誉会長で心臓病の大家であるアンドレ・ヴァシェロン氏は話した。

一九八〇年代、ワインを飲む人たちとワインを飲まない人たちの間では、心筋梗塞による死亡率にどれほどの差があるか、その比較研究が多くなされた。ところが一九九一年、アメリカのCBSテレビの報道番組が、ワインは健康のためによいという「フレンチ・パラドックス」の世界的現象を出現させた。というのも、その番組の中でリヨンのフランス国立医学研究所のセルジュ・ルノー研究員が話したことが注目されたのである。

「フランスの伝統的なワイン好きは、非常に動物性脂肪に富んだ食事をしているにもかかわらず、梗塞症の再発はアメリカの三分の一である」と。

このことは、世界保健機関（WHO）による先駆的な研究MONICAプロジェクト（Multinational Monitoring of Trends and Determinants in Cardiovascular Disease）の報告、つまり、ワインをほどよく（毎日グラス二杯から三杯）飲む人たちは心筋梗塞による死亡率が低いということを、はっきりと裏づけることになった。

さらに、世界でなぜフランス人は日本人に次いで動脈硬化による死亡率が低いかを説明できることになったという。そしてなぜアメリカの心臓医学会がセルジュ・ルノーを「フレンチ・パラドックスの父」と決めたかを。

子供の頃、そして日本にいた頃、私の食事の主菜は朝も昼も夜も魚であった。目ざし、鮭、かつお、まぐろ、たら、さば、あじ、いわし、たい、ぶり、きす、太刀魚、かれい、いか、海老、蟹、たこ、しじみ、あさり、はまぐり、牡蠣など。魚貝類のおかずが今も目の前に浮かんでくる。近海で獲れたぴちぴちした魚だった。なんて恵まれていたのかしらと思わずにはいられない。それに引き換え、肉は週に一度か二度。それもステーキのような塊ではない。カレーライスやコロッケやメンチカツなどに入っている細切れの肉を食べていた。塊といえばトンカツぐらいだった。

ところが、パリでは逆になった。魚を食べるのは週に二回ほど。本当はもっと食べたい。だが魚屋に出かけても、何も買わずに踵(きびす)を返すことが多い。食指が動かないのである。鮮度や産地そして値段などが気に入らなくて、困る。安くて生きのよい魚など、もうパリでは期待できない。

昔はクルヴェット・グリーズといえば船上で茹でられた小指の先ほどの小さな海老で、庶民の食べ物であり、どこの魚屋でも山にして売っていた。手軽な前菜にもってこいだった。この頃は小箱入りで、値段も跳ね上がった。ちょっとバイ貝に似ているビューローも庶民のものだった。殻から身を乗り出している貝を見ると、さっと貝の爪に触れてみて、身が慌てて殻に引っ込むと新鮮な証拠、勇んで買った。この貝をきれいに洗うのは少し骨だけれど、なにしろ安くておいしいから私はふだんの食卓にのせたものだ。この貝もいつの間にか魚屋から姿を消した。たまに売っていても、すでに茹でたものでアンモニアの匂いがしたりするのである。気のきいたレストランで食事をするとなると、魚料理を選ぶのだけど、バターたっぷり、生クリームたっぷりのことが多い。

肉屋のほうは日本の魚屋ぐらいに品物が充実しているし、店の数も多く、格も色々だし、魚を食べるよりもはるかに経済的である。私の食生活はパリに暮らすようになってから一変した。動物性たんぱく質や動物性脂肪の取り過ぎではないかと、秘かに気にしていたものだ。私の両親の家系はどちらも長寿である。このことをフランス人に話すと、「ではあなたもきっと長寿ですよ」というけれど、私は食生活の激変の話をして、両親のように長生きはできないでしょうと嘆息してみせる。とはいえ、私はワイン好きのフランス人並みに、毎日ワインをグラスに三杯は飲む。フレンチ・パラドックスのおかげで、「まあ、そんなに心配することはあるまい」と楽観的である。

ブルゴーニュの春とクリマ

二〇一六年四月一四日。

パリから、太陽の道（高速六号線の愛称）を走ってブルゴーニュへ。

出発の時から曇り空。途中、晴れ間もなく、うっとうしい灰色の空が長く続いた。雨にも降られたけれど、ニュイの丘陵にあるシャンボール・ミュジニー村には薄日が差していた。

遅い昼食を手軽にすませ、一服してから散歩に出た。

シャンボール・ミュジニー村が産する特級の赤ワインといえば、まず、「ミュジニー」の名があがる。赤ワインの好きな人であれば、誰でもこの魅惑的なワインに焦がれるにちがいない。でも、もうひとつ、「ボンヌ・マール」という名の特級がある。これまでに五回も飲んだかどうか。回数は少ないけれど、いつも素敵に印象がよい。優雅な香りはもちろんのこと、まろやかなこくが何ともいえない。

その葡萄畑に沿った坂を登り、右に折れて、葡萄畑の頂上に当たる長い一筋の小道を歩いた。

ボンヌ・マールの葡萄畑は丘の中腹にある。標高は二八〇メートルぐらいだ。東向きで、斜面に屏風を広げたかのような横長の長方形であり、面積は一五・五ヘクタールある。特級の葡萄畑としてはかなり大きい。ほとんどはシャンボール・ミュジニー村に属するが、そのうち一・六四ヘクタールは隣のモレ・サン・ドニ村に属し、モレ・サン・ドニ村が誇る特級のクロ・ド・タールの葡萄畑に隣接している。このクロ・ド・タールの気品に満ちた香りと味わいとしなやかな腰の強さは、一度飲んだら忘れられない。

小道には大小の水たまりがいっぱいできていた。どうも、昨夜大雨が降ったらしい。小道は石灰岩の砂利が多く混じった粘土質の土で、水たまりは黄色く濁っている。ゴム長靴を履いていたら子供の頃のように、水たまりに入ってじゃぶじゃぶ水を蹴散らして進んだのに。すこし残念。この小道は葡萄畑用のトラクターが通る道である。だから轍(わだち)のつかない道の真ん中と両側に草が生えている。その草の上を、水たまりに落ちないよう一歩一歩バランスを取りながら歩いた。

ボンヌ・マールの葡萄畑の表土は赤みを帯びた粘土質である。丘の上からそれがよく見て取れる。赤みがかっているのは、わずかに酸化鉄が含まれているからだそうだ。鉄はワインの色の濃さを増すらしい。葡萄畑をそばで見れば、粘土質の土壌に石灰岩の白い小石がいっぱい混じっているのが、目に飛び込んでくる。

小学生だった頃、夏休みになると、私は掛川の田舎に住む祖父母の家で過ごした。その折、従兄弟たちと川遊びによく出かけた。川は浅く、水は透きとおっていて、川底も川の壁面も見えた。水はとても冷たくて、水中にザブリとつかる時にはいつも少し勇気がいった。身体が冷えると、石ころだらけの小さな中洲に上がって日向ぼっこした。川の壁面の粘土層から、ねっとりとした粘土を手や石片や木片でこそげ取り、掌の中で丸めて遊んだこともある（あの頃は、祖父母の家の周りも川までの道筋も、田んぼしか見えなかったが、今は住宅街になってしまっているようだ）。

葡萄畑の粘土質の土壌を見て、遠い日のことがふと蘇った。何とも面白い。でも葡萄畑の粘土質の土壌は、石灰岩の砂利が混じっているせいで、ねっとりというよりサクサクしているかに見える。

ボンヌ・マールに限らず、ニュイの丘陵から生まれる特級の赤ワインの数々、たとえばシャンベルタンやロマネ・サン・ヴィヴァンやクロ・ド・ヴジョなどの葡萄畑も赤みがかった粘土石灰質の土壌である。なによりもこの土壌こそがブルゴーニュらしい豊満な、それでいて極めて繊細な風味の赤ワインを生む大きな要因の一つと言われている。

土壌は、昨今、盛んに「テロワール」という言葉で言い表され、葡萄に限らず、農作物について語られる時、テロワールの個性の大切さが強調される。テロワールは化学肥料や化学除草剤などを大量に使うと傷むという。

しばらく歩くと、石灰岩の平べったい大きな破片（単行本ぐらいの大きさと厚み）が投げ捨てられたかのごとく山のように折り重なっている場所に来た。ひょっとして、石切り場だったのかもしれない。ブルゴーニュでは、葡萄畑のあるところ、石灰岩ありなのだ。

そんな風に思いながら、石灰岩の破片を見渡していたら、殻が薄茶と肌色の縞模様の螺旋形のかたつむりがあちこちにいる。ブルゴーニュ種だ。それも大粒ばかり。見事な大きさである。しかもびっくりするほど多い。これだけあれば、ブルゴーニュ名物の素敵なかたつむり料理ができる。一皿に一二個入りの前菜が十人分は大丈夫。そう思うだけで、バターとニンニクとパセリの焦げる香ばしい匂いが鼻先に漂ってくるようだった。気温が緩んだところに大雨が降ったせいで、破片の下から競い合うようにわれもわれもと這い出してきたのだろう。

この時、思わぬ発見をした。かたつむりの殻と身の色が、石灰石の色とそっくりなのだ。きっと、保護色でもあるのだ。今まで、どうして気がつかなかったのだろう。

ブルゴーニュにはもう一種類、プティ・グリという名のかたつむりがいて、殻は焦げ茶色と薄茶の縞模様である。殻の螺旋形がブルゴーニュ種は三角帽子風だけど、プティ・グリのほうは横幅が広くて安定感がある。

どちらも食べられるが、私はかたつむりの身の味の説明はできない。大切なのはバターの質と量であり、バターとパセリとニンニクの風味の調和であるように思う。それから、かたつむりの身を、白ワインにタイムの茎、ねぎ、セロリ、パセリを束ねたブーケガルニやスパイスを入れたクールブイヨンでゆでる時、やわらかく仕上げることとである。

ブルゴーニュはワインの産地としてばかりか、フランスでは石灰石の産地としてもよく知られている。ボンヌ・マールの長方形をした葡萄畑の底辺の真ん中あたりにポコッと窪んだ場所があり、今は葡萄畑になっているが、昔は石灰石の石切り場だったそうだ。ボーヌ市のオスピス・ド・ボーヌや、ディジョン市のブルゴーニュ公の宮殿（現在は市役所）はもとより、教会や民家や、地下の酒蔵など、みんな地元の石灰石が建築材として使われている。

シャンボール・ミュジニー村は、村そのものが巨大な石灰岩の上に存在しているといっても、決して言い過ぎではない。地下室のカーヴの壁の一面が天然の石灰岩であるという民家は少なくない。標高の高い村の奥まったところでは、雑木林に続いて、石灰岩の岩肌がむき出しになっているところがある。そこでは岩登りが楽しめ、岩登りを趣味としている近隣の人たちに人気の場所であるらしい。

また、村の水道水は飲み水としておいしいけれど、鍋にその水を入れて湯を沸かすと、鍋は底も壁面も一面真っ白く、粉を吹いたようになる。しばらくそのままにしておこうものなら、鍋底は片栗粉が沈殿したかに見える。これは石灰分が多いせいである。

このお湯でお茶を入れると、残念ながら、まずい。それで、濾過装置を使う。パリの水道水も石灰が多いが、ここに比べれば、微々たるものだ。

黄金の丘陵には、あちこちに、以前石切り場だった場所がある。現在でも、ニュイ・サン・ジョルジュに近いコンブランシアンには石切り場があり、ここの石灰石は非常に美しいことで有名だ。石の切断面がやわらかくピンクがかった肌色と灰色が混じり合い、色調のハーモニーが柔らかい。そのせいか印象が温かい。大理石の冷たさと対照的である。時折パリでも、おしゃれな人の館の玄関ホールやサロンの床に敷き詰められているのを目にすることがある。

ともあれ、葡萄畑の端にこれほど多くのかたつむりがいるのは、農薬が大量に使われていない証だと思い、われしらずホッとした。醸造家たちのテロワールに対する熱い思いが伝わってくるようだ。

かたつむりを見つけた場所からは、葡萄畑やモレ・サン・ドニ村の教会や民家や、シトーの広大な森や、近隣の畑が見える。畑に鏤められた黄色の大きな絨毯は菜の花畑だ。今は七分咲きといったところ。そして、サクランボの実がなる白い花をつけた桜の木があちらでもこちらでも満開であり、ひとしお春らしい趣を添えている。

シトーの森の中には、名高いシトー会修道院がある。中世のころ、この修道院はブルゴーニュワインの品質向上のために完璧に近い努力をした。醸造法にしても、現代とそう変わらない技術を持っていたという。なにしろおいしいことで有名だった。特級のクロ・ド・ヴジョの葡萄畑は彼らが開墾したものだ。他にも彼らが所有していた葡萄畑は、現在、ほとんどが特級か一級に指定されている。シトーの修道僧は土壌の質に精通していた。彼らは実際に、土壌を舐めて味わったのではないかという伝説があるほどだ。

よく晴れた日であれば、この景観の向こうにジュラ山脈の青い山の連なりが見える。地元の人は、ジュラ山脈が北風からニュイの丘陵にある葡萄畑を守ってくれるという。でも、あまりに遠くに見えるせいで、私にはその実感が乏しい。

ボンヌ・マールの葡萄畑の底辺は「偉大なブルゴーニュ・ワイン街道」に面している。で、畑の前は、もうこれまでにもずいぶんと通っている。ディジョン駅でTGVを降り、車で、ジュヴレ・シャンベルタンやシャンボール・ミュジニーやクロ・ド・ヴジョの村々に向かうとなると、国道を走る人が多い。そのほうが早いらしい。でも、村々のひなびた様子や葡萄畑を間近に見るのが楽しくて、私は好んで「偉大なブルゴーニュ・ワイン街道」を行く。

そのくせ、正直にいえば、わざわざ葡萄畑の前で車を止めたことはない。だから、ボンヌ・マールの畑の土壌をまじまじと眺めたのは、これが初めてである。

そして気づいたのは、土壌を観察するのにはちょうど良い頃だろうなということ。というのも、暮れから正月にかけて初めてシャンボール・ミュジニー村で過ごした時、葡萄畑はパリで想像した様子とはまったく違っていた。すっかり葉を落とした葡萄の木は、黒褐色の裸体を茶色の土壌にさらしているにちがいない。そう思い、荒涼としたニュイの丘陵を目に浮かべたのだった。

ところが丘陵の地面はどこも緑色をしていた。遠くに見える葡萄畑は、まるでサラダ菜が植えられているかのように見えたのである。それは目に快い若草色だった。

二月はその若草が寒さでしおれ、土壌は硬い表情をしている。でも葡萄の木は正直に顔立ちや体つきや年齢を見せていて、興味深い。

一本として同じおもむきの木はない。人間のようなのだ。赤ちゃんも育ちざかりも青年も壮年も老年もいる。素直な体つきもいれば、ねじれにねじれて盆栽にすると格好がつきそうだったり、太っていたり、痩せていたりだ。でも、みんな背は低い。地表からの高さはだいたい四〇センチぐらいである。

斜面のふもとにある小さな区画の葡萄畑では緑色の丸々とした木を何本も見かけ、驚いて目を凝らしてみると苔が生えているのだった。寒くてマントーをはおった感じである。

この月はふつう葡萄の木の剪定がある。今年葡萄の実がつく枝と、次の年に実がつく枝が二本残される。それはかたつむりの二本の角みたいで、てんでに好きなほうを向いている。このごろは前の年の一二月に剪定を済ませてしまうところも多い。

三月に入ると、葡萄の木の列と列の間に鍬が入り、土壌が掘り起こされ、除草や施肥が行われ、土壌の表情が和らぐ。

二本の枝のうち、今年実をつける枝はバゲットと呼ばれるが、九〇度に曲げられて地面に水平に伸びる。この枝は一番低い整枝用針金に結んで固定される。

たまたまシャンボール・ミュジニーに滞在した三月二三日、ロマネ・コンティ社のド・ヴィレーヌ氏のお招きで樽にはいった二〇一五年のワインの利き酒をさせていただいた。エシェゾー、グラン・エシェゾー、ロマネ・サン・ヴィヴァン、リシュブール、ラ・ターシュ、ロマネ・コンティなどである。「二〇一五年は偉大な年という前評判だが、私はまだまだそういいきれません」。と、ド・ヴィレーヌ氏はいつもの通り、謙虚であった。

その帰り道、ロマネ・コンティの葡萄畑を見に寄った。葡萄の木の列に赤みがかった粘土質の土がこんもりと寄せられ、その土のなんと生き生きとしていること。一瞬、土の新鮮さと美しさに目を瞠らされた。道すがらシャンボール・ミュジニー、クロ・ド・ヴジョ、フラジェ・エシェゾー、ヴォーヌ・ロマネなどの村々の葡萄畑を眺めながら来たが、こんなに美しく土寄せしたところは見かけなかった。蛇足をひとつ。ロマネ・コンティ社の剪定は三月に行われる。

四月もまだまだ、土壌がよく見える。バゲットについた豆粒のような新芽はまだ黒っぽい硬い皮をつけている。この皮がはがれて新芽が吹き出すのは四月の中旬を過ぎてからのことである。

私は新芽が吹き出す頃の葡萄の木の風情が好きだ。硬い皮をはがして出てきた新芽は産毛がいっぱいで、ピンク色をしている。日が当たるとキラキラ光り、葉は二枚、三枚とおずおず広がり始める。やがて葉は羽子板遊びの羽根ぐらいに成長し、バゲットの上にちょんちょんと止まったかのようにみえる。だいたいこの頃まで、葡萄畑の表土はとてもよく見える。ぐんぐん葉が伸び蔓をつけ、葡萄の花が咲く頃、葡萄畑は一面の緑色の海になってしまう。

二〇一六年はこの春の景色を見るチャンスを私は逃してしまった。四月の二七日、二八日、二九日、三〇日と私はイタリアのピエモンテを旅行中だった。三日間、日中はバローロの新酒に当たる若いワインの利き酒をし、夜はイタリア料理に舌鼓を打ちつつ、評判のよいミレジムのバローロを飲んで愉快になっていた。

ところが、二九日の夕食直前に、ブルゴーニュのワインが霜害にあったというニュースが入った。二九日の朝、気温が急に零下六度まで下がり、ちょうど新芽を吹き出したばかりの葡萄の木はひとたまりもなく凍ってしまったらしい。二八日の朝、すでに気温零度の寒さに葡萄の木は震えていた。気丈に耐えたのに、そこに零下六度の寒さに襲われ一気に凍ってしまったようだ。

とりわけひどかったのは、ムルソー、モンラッシェ、シャンボール・ミュジニーの葡萄畑であると聞いて、私はボンヌ・マールの葡萄畑に思いを馳せた。

五月の初めにシャンボール・ミュジニーに出かけた。ほんとうに葡萄畑は痛々しかった。ボンヌ・マールの葡萄畑に向かう途中、別の畑で傷み具合を見ていた作業員に、「だいぶやられましたか」と聞いてみると、「ええ、八〇パーセントぐらいも」と言って、薄茶色に枯れた新芽を私の掌に載せてくれた。この畑の持ち主は、一朝にして年間の生産量の八割を失ってしまったのである。

自分の畑でもないのに、私はボンヌ・マールの葡萄畑に急いだ。四月の半ばに土壌を見たから、愛着が湧いていて、様子を見たい。実をいうと一五ヘクタールほどのボンヌ・マールの葡萄畑の所有者は、コント・ド・ジョルジュ・ヴォギュエ家を筆頭に二十五人もいる。

葡萄畑は軒並み霜害にあい、バゲットについている新芽や若葉は薄茶色に枯れていた。ただ、モレ・サン・ドニ村に隣接している畑だけが難を逃れた様子であった。

土壌に話をもどそう。ボンヌ・マールの畑で私が目にした粘土石灰質の土壌は、赤ワインになる葡萄のピノ・ノワール種に見事に合った土壌であり、ブルゴーニュの赤ワインを高貴なおいしさにするといわれている。でも、私が目にしたのは地面の上に見えている表土のことであり、鍬を入れて掘り返しても地下五〇センチぐらいまでは同じような土である。

表土の性格も大切だが、その下にあって目には見えない下層土の性格や、さらにその下に隠れている石灰岩などもおいしさの要因になる。葡萄の木の根は地下一メートルも二メートルも、三メートルにも長く伸び、土壌や岩石の栄養分を吸い取るといわれているのだ。

アロース・コルトン村のルイ・ラトゥール社には、実物の葡萄畑の地表から地下までの地層を断面状に切り開いた場所があり、ガラス越しに、葡萄の木の根が土壌からさらにその下にある大きな石灰岩の裂け目に入って長く伸びるさまが見える。

ブルゴーニュワインがおいしい要因は土壌の質や性格や品種との相性だけではない。その葡萄畑は斜面のどこにあるか、頂上部か中腹かそれともふもとか。向きはどうか。東向きか南向きかなど。日当たりや日照時間の長さ。風あたり。水はけ。こういった微気候や自然条件のすべてをひっくるめて、一つの葡萄畑の区画を、ブルゴーニュでは「クリマ（climat）」という。そしてすべてのクリマは等級が格付けされている。さらに、そのクリマの所有者は誰か、醸造家はだれかによって、おいしさは異なってくる。葡萄畑への丹精の込め方、醸造方法、酒蔵の設備や管理など。彼らの仕事は限りなくあり、どれひとつおろそかにはできない。

ブルゴーニュの葡萄畑は、現在一万三四七四ヘクタールあり、一二四七のクリマがある。そしてクリマが作りだす景観は、二〇一五年の七月にユネスコの世界遺産に登録された。ブルゴーニュの黄金の丘陵の景色は、これまでにも増して美しくなるに違いない。

ヴァロワ朝・四代の華麗なブルゴーニュ公たち（一三六三年から一四七七年まで）

フランドルのマルグリット伯爵夫人はフランス王家に生まれたけれど、息子のルイ・ド・マル伯爵に対しては何の権限も持っていなかった。

その伯爵夫人が、ある日、息子の面前で優美なドレスの前を広げてもろ肌脱いだ。両の乳房を息子に見せつつ、

「あなたが快くフランス王と母の望みに従えぬのであれば、私はあなたを育てたこの二つの乳房を切り取り、一つはあなたに、もう片方は犬の餌にでもくれてやりましょう。あなたは恥を知るでしょう。それから、よくお聞き。私が所有しているアルトワ伯領は決してあなたには譲りません。あなたの相続権は無効にしましょう」と、毅然として言った。

息子は母の凄まじい剣幕に驚愕して、母の足元に身を擲（なげう）った。王の望みに従ったのは言うまでもない。

王の望みというのはこうである。

時のフランス王シャルル五世は、自分の弟であるブルゴーニュのフィリップ豪胆公を、ルイ・

ド・マル伯爵の一人娘のマルグリットと結婚させたかった。ところが、ルイ・ド・マル伯爵は娘をイギリスの王子に嫁がせようとしていた。

フランドルは現在のオランダやベルギーやフランス北部を含む裕福な地方であり、高級毛織物工業と商業で大いに繁栄していた。その素材である羊毛をイギリスから輸入して、製品はイギリスをはじめ北海沿岸の諸国その他に輸出していた。

で、伯爵はイギリスとの友好関係を重んじ、王への返事を渋っていた。

一方、王のシャルル五世は、イギリス王家が婚姻による相続のおかげで、将来、フランドル地方をはじめ、フランスの国土に足がかりを作ることは断じて食い止めたかった。

あの有名なフランスとイギリスの百年戦争は、シャルル五世の祖父のヴァロワ朝初代から始まり、父のジャン二世はポワティエの戦いでイギリス軍の捕虜となり、莫大な釈放金を要求されていた。

シャルル五世はその釈放金をひねり出すのに大変に苦労し、庶民に新しい税金をかけて賄っていた。まだ支払いの真っ最中だったし、百年戦争も続いていて、北部のカレーはイギリスに占領されていたから、婚姻はとても許せるものではなかった。伯爵の態度があまりにも煮え切らないので、王は直談判をすることにし、その約束の日と場所を決めた。ところが、伯爵は仮病を装って来なかった。

それで、シャルル五世はフランス王家出身のマルグリット伯爵夫人を担ぎ出して、ひと芝居打った。王は読書と本を集めるのが趣味で、フランス史上、深い教養を持つ賢王として知られている。まるで歌舞伎のようなこの筋書きは、王が作ったのだろうか。何とも迫力があり、王家の女性はこういうことができたのかと私は素直に感嘆した。

ともあれ、シャルル五世は弟のフィリップ豪胆公をフランドル伯爵の一人娘マルグリットと結婚させることに成功した。一三六三年のことである。なんと交渉に七年以上もかかったという。いわば政略結婚であった。でも、フィリップ豪胆公とマルグリット妃はとても仲のよい夫婦で、八人も子供ができた。それぞれの頭文字をタピスリーや家具や衣類や寝具などにあしらい、暮らしを美しくすることを楽しんだ。マルグリット妃は美人ではなかったようだが、優雅であったらしい。パリのクリュニー中世美術館にあるタピスリーの「貴婦人と一角獣」の優雅さを彷彿とさせるイメージがある。

結婚した時、フィリップ豪胆公は、騎馬槍試合と豪勢な宴会を数日間にわたって催し、数々の宝飾品と黄金製のゴブレと純銀製のゴブレをマルグリットに贈った。お金に糸目はつけなかった。そして舅のフランドル伯には金貨一万枚を贈った。これは結婚の条件の一つであり、半分は兄のシャルル五世王が負担したという。

フィリップ豪胆公は大小のゴブレをはじめ、ハンナップと呼ばれる蓋つきの大杯、広口で脚のついた杯、宝石を象眼した杯などのワインを飲む器や、ワイン差しやカラフなどをそれぞれ一揃いで、幅広くコレクションしていた。金や銀の豪華な品々は、換金性の高い財産でもあり、いざという時には担保にもなった。

ワインを飲む器とは、いかにもブルゴーニュのフィリップ豪胆公らしいコレクションだ。朝食から白ワインを飲むほどのワイン好きであったし、ブルゴーニュワインの品質向上や宣伝に熱心で、ブルゴーニュのワイン産業に本腰を入れていた。たとえば、単一品種による高級ワインを目指し、赤にはピノ・ノワール種の葡萄、白にはシャルドネ種の葡萄を選定した。そして当時はびこりつつあった多産のガメ種の葡萄の木を引き抜くよう厳命した。今から六百年も前にブルゴーニュワインの高級化に先鞭をつけたのである。

ゴブレはコップの形をしたワインを飲む器である。コップというと今では紙製やプラスティック製もあり、ほとんどが工場製のありふれたガラス製の実用品なのでイメージが少し安っぽいけれど、ヨーロッパの昔のゴブレは実に美しい。いかにも手作りらしい趣向に満ちている。細長い筒形で、下部はすっぽり手におさまって持ちやすく、上に向かって徐々に広がりを持つ。この広がりが直線ではなく、チューリップのようであったり、フリルが付いていたり、縁飾りがあったりする。優雅な浮き彫りや、古代ギリシャや古代ローマの神話の一場面がエナメルで彩色されたガラスのゴブレもあるし、素材が金や銀であれば多種多様の繊細な細工がほどこされていて、精巧な技術に驚嘆させられる。持ち主の名前や頭文字などが彫り込まれていたりもする。

フランスでは今でこそ下火になっているけれど、赤ちゃんの誕生祝いの贈り物というと、銀のゴブレが伝統的だった（ゴブレは一八世紀からタンバルとも呼ばれている）。

ゴブレの歴史は古代にさかのぼる。紀元前二五〇〇年ごろ、メソポタミアの古代帝国の王様はすでにゴブレを使っていた。パリのルーヴル美術館に、メソポタミアはラガシュの王様ウル・ナンシェが神殿の建築のために煉瓦を奉献する儀式を描いた石板があり、その中で王様はゴブレを手にしている。このゴブレはやわらかい石をくり抜いたものであるらしい。

　でも、古代オリエント美術の部屋では、すらりと均整のとれた手作りの土製の素敵なゴブレを見ることができる。形も模様も、すこぶる現代的。私の目にはそう映る。日本では、時折、縄文時代の土器のモダンさが話題になるけれど、私はルーヴル美術館でメソポタミアの古代の土器を見てため息をつく。ここで、市松模様のある土器の皿や壺を初めて見た時の驚きは忘れられない。市松模様は日本独特のものだと思っていたからである。

　フィリップ豪胆公は背が高くて精悍であり、肌はいつも褐色に日焼けし、目は生き生きとして、メセナに熱心で芸術家を育て、シャルル五世の右腕としても大領主としても、エネルギッシュに仕事をこなした。狩猟の名手でもあったらしい。そしてとびきりのおしゃれで、素晴らしく身だしなみがよかった。夜の入浴では、浴槽に薔薇のエッセンスやすみれの粉をふんだんに振りまいたという。おしゃれで高価な品はイタリアから購入し、公爵家の財政係がそれを担当していたが、とりわけヴェネツィアから取り寄せる品に関しては別に専門の係がいた。

　ヴェネツィアといえば、二代目のブルゴーニュ公ジャン・サン・プール無畏公にこんなエピソードがある。立居振舞が見事な貴公子ではあったけれど、小さくて顔が醜かった。着る物もゴテゴテと飾り立て、趣味がよいとはいえなかったらしい。ところが醜いところを愛嬌とみなしたパリっ子には妙に人気があったそうだ。すでにシャルル五世の時代、地方の大貴族の多くはパリにも館を構え、パリに住んでいた。

　ある年、トルコに攻められたキリスト教国のハンガリーが、フランスに救援を求めた。シャルル五世は承諾し、一三九六年、二五歳の若いジャン無畏公を総大将にニコポリス十字軍遠征の軍団を差し向けた。結果は惨敗で、しかもジャン無畏公は捕虜として囚われの身となった。トルコ軍を率いていたのはオスマン朝のバヤジット一世であり、なんとフロリン金貨（一三世紀にフィレンツェで発行された金貨）二〇万枚という途方もない身代金を要求した。当時フランドルが西ヨーロッパ一経済的に豊かな領地であることをバヤジット一世は知っていたのだ。そしてジャン無畏公をフランドル王の王子とみなしたのである。すでにフィリップ豪胆公はブルゴーニュの領地に加えて、フランドル、フランス北部、フランシュ・コンテなどの広大な領地をフランドル伯から相続していた。

フィリップ豪胆公は金融家から借金をして身代金を工面したといわれるが、純金のゴブレやハンナップはその時担保になったのだろうか、それとも売られてしまったのだろうか。などと詮ないことを、ちらりと私は思った。というのも、あのヴェルサイユ宮殿を建設したルイ一四世は豪華な純金の食器類を持っていたが、それらは戦争のあるたびに何らかの理由で減り、亡くなった時には何も残っていなかったという話をきいているからである。

ジャン無畏公は一三九七年に釈放されると、ロードス島を見過ごし、買い物のためにヴェネツィアに上陸した。買い物というのは衣服である。黒のビロードにテンの毛皮の襟がついた袖の広い長衣三着、黒のサテンに灰色の毛皮の襟がついた袖の広い長衣一着、股引、頭巾、フィレンツェ製の黒い羅紗の外套などであり、この豪奢な買い物の領収書は今でもディジョンの図書館に保管されているという。

フランスに戻ると、ジャン無畏公はヴェネツィアで買ったまばゆいほど豪華な服に身を包み、まるで凱旋将軍であるかのようにパリに入城した。民衆はパリでも、ディジョンでも、ヘントでも熱狂的に歓迎したという。まだ十字軍の栄光が人々の胸に生きていたものらしい。

だが、この二代目は、従兄のルイ・ドルレアン公を騙し討ちで暗殺してしまった。シャルル五世は賢王だったけれども病弱で、四四歳で亡くなってしまう。世継ぎのシャルル六世はたったの一二歳であり、王は生前に母方と父方の伯父に王子の後見を託した。父方がブルゴーニュ公であり、母方はオルレアン公である。フィリップ豪胆公が亡くなった時、ジャン無畏公は父の役目を引き継いだ。

従兄のルイ・ドルレアンはハンサムで、洗練された社交家であり、当時最も魅力的な人物の一人と言われ、口の重いジャン無畏公とは何もかも違っていた。政治的にもことごとく対立した。挙句の果ての騙し討ちだった。

一五年後、ルイ・ドルレアン公の息子によって、ジャン無畏公は騙し討ちにあい、斧で首を落とされた。見事に仇を討たれたのだった。

三代目のフィリップ善良公は、この時、二三歳。父の暗殺を知らされて、初めに漏らした言葉は、妃のミシェルに向かっての「お前の兄が私の父を殺した」であったという。妃はショックで病気になり、若くして亡くなった。

フィリップ善良公は父と違って容姿が美しく、誰がどこから見ても高貴で比類のない典雅な君主の風貌に生まれつき、家臣も民衆も、外国の大使なども惚れ惚れとしたらしい。

だが祖父のエネルギーや父の粘り強さは持ち合わせず、政治は宰相のニコラ・ロランに任せ、自分はあり余る財産を使って、もっぱら人生を楽しんだ。享楽的だった。

ニコラ・ロランといえば、とびきり有能な宰相であったが、ブルゴーニュのワインの首都・ボーヌ市に、貧しい人たちのために無料のオスピス・ド・ボーヌ（施療院）を自前で建てた人として、より有名かもしれない。オスピス・ド・ボーヌは壮麗なブルゴーニュ風の建築であり、今では歴史博物館として一般に開放されている。ワインの好きな人であれば、オスピス・ド・ボーヌが所有する葡萄畑から取れるワインがおいしくて、毎年一一月に競売されることを知っているに違いない。この競売には、世界中のワイン専門家が駆けつける。また北欧の人々が夏のヴァカンスに車で地中海に向かう時、必ず足を止める場所としても知られている。

オスピス・ド・ボーヌを訪門する王族は多いが、ある時、ブルゴーニュ公家を滅ぼしたルイ一一世が訪れた。フランス王は「ふん、ニコラ・ロランめが。山ほどの貧乏人をこしらえた張本人が、貧乏人のための施療院とは片腹痛い」と皮肉ったそうだ。

それにしてもフィリップ善良公は素晴らしく寛大であった。後世には、こんな話がある。

ルイ一四世が権力を握ったばかりの若い頃、財務総監フーケのシャトーに招待された。その時、贅をこらしたシャトーや庭園の見事さや、華麗な花火を打ち上げての豪奢な歓迎に、目をむいた。一介の臣下にすぎないフーケが王の自分よりも素晴らしいシャトーに住み、豪奢な暮らしをしているると見たルイ一四世は気分を悪くし、怒り、なぜフーケはあのように金持ちなのか？　税金を横領しているのではないか？と疑い、フーケを捕らえてバスティーユの牢屋に放り込んでしまった。

フーケは財務に大変な才能があり、無実であったらしい。ルイ一四世の多くのとり巻きがとりなしたが、厳として聞き入れられず、哀れなフーケは死ぬまで牢獄で過ごした。ルイ一四世はといえばフーケより立派なシャトーの建設を思い立った。それがヴェルサイユ宮殿である。だがその建設に、フーケが見出した建築家のマンサールや庭師のル・ノートルを始め多くの芸術家を動員している。

フィリップ善良公は、父が暗殺されたせいで、一生を黒い服で過ごした。といって、地味であったわけではない。着るものに凝り、ヨーロッパの王侯貴族のファッションリーダーであったという。豪華絢爛を好み、町に出入りする時は、美しい馬に乗り、立派な紋章や宝石でまばゆいほどに着飾り、民衆をうっとりさせた。

とりわけ人を驚嘆させる馬上槍試合や祝宴などを催すのが好きだった。祝宴ではブルゴーニュのワインを惜しげなく振る舞い、その食卓には孔雀や白鳥が皿に盛られて出てきたりした。奇抜な趣向で人の目を惹くことと、人を驚嘆させることを、この上ない喜びとした。

フィリップ善良公自身は小食で飲む量も少なかったが、食卓に招かれたヨーロッパの王侯貴族は、ブルゴーニュのおいしい赤ワインをたっぷり勧められ、心ゆくまで味わい、ブルゴーニュワインの大ファンになったという。フィリップ善良公の食卓はまたとないブルゴーニュワインの宣伝になったのである。王侯貴族、法王は競ってブルゴーニュワインを飲んだ。

宴会では、宝飾品やタピスリーをはじめ、豪華な食器類を見せびらかした。もっとも、このことはフィリップ善良公に限らず当時の風習だった。まだ食事をするための食堂という部屋がなく、シャトーや大きな屋敷では一番立派な広間で祝宴を催し、組み立て式のテーブルや長椅子を使い、上等のダマスク織りの真っ白なテーブルクロスをかけた。食器戸棚もドレスワールと呼ばれ、現代のように食器をしまう家具ではなくて、食器を見せるものだったから、雛壇のような棚があり、上の方に天蓋にも似た天井が付いていた。この棚に金・銀の、あるいは七宝焼の皿や、ワインを飲む器や、水差しやワイン差しなどを飾って見せた。

ホイジンガの『中世の秋』（堀越孝一訳、中央公論新社）を読むと、ブルゴーニュ公家の当時の暮らしぶりがよくわかる。ある日、こんな文章に目がとまった。

「フィリップ善良公は一四五六年、ハーグに催した祝祭にさいして、三万銀マルク相当の華美な食器類を、広間に続く小部屋に展示させた」

三万銀マルクとはどれほどの値か、現在の価値に換算したらどれほどの値段なのか。まったく見当もつかない。そのくせ、フィリップ善良公の所有であれば豪奢な食器類にちがいあるまいと思う。その展示はどんな様子だったのかと、興味が湧いた。これまでヨーロッパの美術館で、ずいぶんといろいろなグラスを見てきた。それをあれこれと目に浮かべてみた。

まずは、レースのような透かし彫りがあり、華奢な脚が付いた繊細なヴェネツィアのクリスタルのグラス。一五世紀のその当時、ヨーロッパにヴェネツィアのクリスタルのグラスが出回り始めたが、大変な贅沢品であった。でも、宴会で使うワインの器としては繊細すぎるかもしれない。フィリップ善良公のイメージには合う気がするけれど。

次は、黄金杯。ホメロスの『オデュッセィア』には、神への献酒や客を招いての宴会の場面が多い。そこに登場する古代ギリシャの王たちはみんな黄金杯でワインを飲んでいた。たとえば、ネストル王の黄金杯といわれる金のグラスなど目が醒めるほど美しい。カップ型で、均整のとれた脚が伸びているが、脚はカップの底に当たる部分に金の鋲を打って固定してある。飾りといえば小さな羊の頭をかたどった二つの取っ手だけである。形がシンプルで優美そのもの。見事な金細工の杯だ。

ざっと三千二百年ぐらい前のグラスであり、古代ギリシャのミケーネ時代のもの。ドイツのシュリーマンは、子供のころからホメロスの物語を真実と信じていた。一九世紀末、自費で発掘を始め、物語の中で黄金に満ちたミケーネとうたわれているそのミケーネ文化のおびただしい財宝を見つけた。ネストル王の杯はそのうちの一品だが、アテネの国立考古学博物館の至宝といわれている。でもこの杯は中世の食卓には洗練され過ぎているように思える。

ナポリの国立考古学博物館で見た銀製のグラスもなかなか素敵だ。器の全体の装飾にオリーブの葉と実の生き生きとした浮き彫りがあった。これはポンペイの遺跡から発掘されたものだけど、展示品は、銀器よりガラス器のほうがずっと多かった。

ヴェスヴィオ火山の大爆発は西暦七九年のことだが、その頃、イタリアではガラスが大ブームで、全土でガラス製品が作られていたという。二千年近くも前に土に埋もれた町から発掘された美しいグラスは胸を打つ。

フィレンツェのピッティ宮殿美術館では、メディチ家のロレンツォ・イル・マニーフィコが所有したと伝えられるグラスがあり、これは古代ローマの大理石や瑪瑙（めのう）や水晶製の碗に、純金製の足を取りつけたもので、どっしりとしていて美しい。とりわけワイン色のメノウのグラスに私は惹かれた。碗に頭文字が刻まれていた。コレクションかもしれないが、私にはロレンツォ・イル・マニーフィコがふだんワインを飲むときに使用したもののように思える。

ほんとうに美しいグラスにどっさりと出会ったものだ。色々な器の中でも、ワインを飲む器というのは、それぞれに、特別の思いが込められているように思う。

私はカリス（聖杯）に似た形のクリスタルの小ぶりのグラスを一個だけ持っていて、素敵においしいワインを飲むときにだけ、わざわざ食器棚から取り出して使っていた。形もよかったが、とりわけ音がきれいで、ワインを注ぐまえにグラスのお腹を指ではじいて楽しんでいた。音の美しさは、夕食会用など私の持っている他のすべてのグラスはどれもかなわない。ガラクタ屋で半端ものの一個として買った時には気づきもせず、偶然に発見したことだった。大事に使っていたのに、数年前、割ってしまい辛い思いをした。代わりがまだ見つからないので、よけいに辛い。

フィリップ善良公がハーグで催した祝祭に展示したグラスはどんなであったか。それは、縁飾りが金色のブルーの七宝焼きで、蓋のついた大杯であったのではないか、と私は想像している。当時、色を楽しめる七宝焼きが流行していたそうだし、贅沢品であったから。

ブルゴーニュ公の暮らしは美しく、暮らしそのものが芸術であったと、ホイジンガは言う。芸術は暮らしを美しくするためにあった。美術館などに行って鑑賞する対象ではなかったのだ。その芸術のアートディレクターは誰か。フィリップ善良公の時には、それは中世きっての画家、フランドル派のヤン・ファン・エイクであった。祝宴の食卓の飾りつけ、宴会の演出、武具や旗や紋章などのデザイン、室内装飾なども担当したものらしい。

フィリップ善良公の時代、ブルゴーニュ公の宮殿があった。現在、その宮殿は跡形もないけれど、家並みはすべてが中世そのままというフランドル風の美しい町であり、世界中の観光客で賑わう。町の建物は宰相の家屋敷を始め民家は煉瓦作りである。それは、この町の名物である手編みのレースのように繊細で、うっとりするほど素敵にできていて、いかに人々の暮らしが豊かであったかが見てとれる。北のヴェネツィアといわれるほど、町を縦横に運河が走り、美術館ではヤン・ファン・エイクの絵がふんだんに見られる町でもある。

最後のブルゴーニュ公のシャルル突進公はこの町で育った。フランス王国から独立してブルゴーニュ公国を築きたいという野心を持っていたが、冬の戦場でフランス王のルイ一一世に敗れた。スイスの国境に近い雪の荒野で発見された時は、顔面を狼に食われていたという伝説がある。悲劇的な最期であった。

一人娘のマリーはオーストリアのハプスブルク家に嫁いだが、二十五歳の若さで、落馬して亡くなった。二人の棺はこの町の聖母マリア教会の内陣に安置されている。

ブリュージュばかりか、目と鼻の先にあるベルギーの首都ブリュッセルにも、ブルゴーニュ公の宮廷があった。こんな歴史的背景のせいか、ベルギーにはブルゴーニュワインの凄い通や熱烈なファンがいる二〇一五年の春、三日ほどブリュージュに滞在した。レストランに入るとどこでも、そこそこ楽しめるブルゴーニュワインを置いていて嬉しい思いをした。最後の夕飯にはミシュランの三つ星がついている店に行ってみた。パリの三つ星の半分ぐらいの値段である。

恭しく差し出されたワインリストは分厚くて立派であり、ワインの値段は総じて高い。なにも外国でブルゴーニュを飲まなくたっていいのに、ブルゴーニュワインのページにコント・ラフォン家の白ワインの名を見つけると、夫と私はすぐ「これ」と決めたのだった。

フランスにいても、コント・ラフォンのワインを飲める機会はめったにない。ムルソー・シャルムの一九七六年産が一六〇ユーロ。私たちにとっては予算オーバーだが、三つ星店で飲むコント・ラフォンのひと瓶にしてはずいぶん安い。この安さはなぜなのかということを真面目に考えるべきだった。

果たして、ひどく味がうすい。私たちはコント・ラフォンの味をよく知っている。グラスに一杯目のワインはすするように飲み、コント・ラフォンの本領が発揮されるのを期待して辛抱強く待った。ところが、水で割ったような味はまったく変わらず、変化というものが少しもなかった。腰が抜け、ワインの魂と言うべきものが死んでいたのだ。こういうワインに出会ったのは初めてだった。ソムリエに一杯目の感想を言うと、二度と私たちのそばにやってこなかった。

このワインは開高健の小説「ロマネ・コンティ・一九三五年」のように、あっちに売られ、こっちに売られ、そのたびに環境のちがう場所に置かれ、旅の疲れをいやす間もなく、心身共にボロボロの状態であったのかもしれない。

ひどいワインのせいで食事は台無しになり、私たちはものを言う気にもなれず、がっくりしてホテルに戻ったのだった。

このワインのことをドミニック・ラフォン氏が知ったら嘆くだろう。葡萄の木の一本一本を自分の赤ちゃんと思い、樽に詰めたワインを幼子に見立てて樽を撫でんばかりにして丁寧に育てている醸造家は多いけれど、彼はその思いが人一倍強い人だと思う。利き酒の時、一滴あまさず飲み、グラスの縁までぺろぺろなめてしまうほどの人なのだから。

ワインを正当に売買する酒屋ではなくて、オークションなどで売買して金儲けをしている人が世の中にはずいぶんといるらしい。

クラシックカーを収集している友人のアンリが、さりげなくこう言った。

「僕のロマネ・コンティの一本を一万五千ユーロ（約二百万円）で売れという奴がいるんだ。そ奴はもう、三万ユーロで買うという客を見つけているらしい。それを買った奴は五万ユーロで売るのだとさ。僕は売る気はまったくないよ」

その日、私たちは郊外に住む友人の家で昼食をご馳走になり、会席者は誰もが一本以上は飲んだ。そうなることがわかっていたので、私たちは電車で出かけた。アンリの言ったことはその帰りの電車の中のワインよもやま話のひとつである。

もちろん、自分が飲みたいと焦がれていたワインをオークションで首尾よく競りおとし、そのワインを宝物のごとく自分の酒蔵に大事に寝かせ、来るべき日を楽しみに待つ人もいるに違いない。あるいは格別にお世話になった人への贈り物として、その人の誕生年の古いワインを探し回って、大層な金額で買うという話も聞く。

でもオークションで古いワインを買うときは、売り手が誰であるか、どんなタイプのオークッションであるか考慮すべきだろう。

「縁は異なもの味なもの」と言うけれど、男女の縁に限らず、ワインとの出会いも、「縁は異なもの味なもの」と、私は思う。嬉しい縁もあれば、つまらない縁もあるし、ブリュージュの体験のように腹立たしい縁もある。

終わりに、嬉しい縁のお話を一つ。

知人に、中近東のある国からパリにやってきた大金持ちの女性がいる。お国ではワインは飲まなかったが、パリでワインを飲むようになった。ワインの威力、ワインが社交に欠かせない大切なものであることをたちまちのうちに理解した。

ある時、私がワイン好きなことを知っている彼女は、「この間、家で素敵においしい赤ワインを飲んだのよ。素晴らしくおいしかった！」と、目を見開いて言った。

そのワインの名を聞くと、「ロマネ・コンティ」だった。

「まあすごい。それはおいしいに決まっているわ。で、お料理は？」

「スパゲッティよ」

「えっ」と、開いた口がふさがらなかった。

なんでもその夕食会に十二本も開けたという。

私はロマネ・コンティに同情した。けれど、パリ滞在中、彼女がこういう偉大なワインに出会ったこと、それを喜ぶことにした。打ち明けて言えば、この話を聞いた時、私は腹を立てた。でも、今では笑い話のようにおかしくて、思い出すごとに、一人で笑ってしまう。現在、彼女はニューヨークに住んでいる。時折、ロマネ・コンティとスパゲッティの縁を得意そうに語っているような気がする。

クロ・ド・ヴジョ一九六四年

先だって、ある夕食会で私を強く惹きつけた赤ワインに出会った。

そのワインはクリスタルのカラフに入れて出された。主(あるじ)は、にこやかにワインをグラスに注ぎつつ食卓を一巡した。カラフの中身はわからない。

でも、グラスに注がれたワインの色が目に飛び込むや、目がぴかりと光り胸が高鳴るのを感じた。

そっとグラスに手を伸ばして、わずかにグラスを傾け、濃い赤色に一瞬目を凝らした。艶やかな深紅色、こんなに生き生きとした見事な赤色はまれである。上等のビロードやタフタの絹地や、樹齢を経た古い薔薇の木が咲かせる花などに、ひょっとして見られるかもしれないけれど、私は久しく目にしていない。ローブ（色合い）の明るい色調から判断すれば、ワインはまだ若い。十年ぐらいかしら（フランス人はグラスの中のワインの色を、ドレスの色に見立ててローブという。と、知ってはいるけれど、なかなか自然に出てこない。つい、色合いと言ってしまい、フランス人のワイン好きから、「ローブと言ってほしいものですね」などとお小言を食ってしまう。でも、この日はローブという言葉が口をついて出た)。

そう思いつつ、さりげなくグラスを鼻に近づけて匂いをかいだ。ブルゴーニュのピノ・ノワールだ。でも、輝きに満ちた美しいローブから、私が想像した香りとはまったく違う。ほんのかすかに革の匂いを感じる。ともあれ私の想像は大きく外れた。

おもむろに一口含む。味わいも想像とはほど遠く、飲みこんでも味は口中に長く残らない。色合いと風味のバランスがかけ離れていて、何かが引っかかる。あの魅惑的な色がまやかしとは思えない。なんだか不思議な思いに打たれた。

と、食卓についていた面々がいっせいに、「このワインは何ですか」と言っていた。隣席の主はただにこにこするばかり。主の奥様もやさしく微笑むばかりで何も言わない。

そのうち、ラ・ターシュや、リシュブールや、エシェゾーの名があがった。オーベール・ド・ヴィレーヌ氏が同席していたからかもしれない。

やがてド・ヴィレーヌ氏がおずおずと「クロ・ド・ヴジョかな」と、低い声でつぶやくように言った。いつも、こんな風にド・ヴィレーヌ氏は奥ゆかしい。「当たり」だった。

食卓にどっと歓声があがった。

正直なところ、クロ・ド・ヴジョの典型的な味を私は知らない。「ふうむ。クロ・ド・ヴジョか」と内心で繰り返しつぶやきつつ、嚙みしめるようにゆっくり味わい、大事に飲み進めた。

そしてグラスに二杯目が注がれた。

鮮やかな深紅色は婉然(えんぜん)と輝くばかり。香りはどうだろう。と、思ったとたん華やかな匂いが強く鼻を打った。大輪の牡丹の花を思わせる華麗な香りが、グラスから立ち昇り、あふれでて、私の面前を大きく包んだ。

ふいにこれこそが本当のブーケ（熟成による香り）というものだ。と、私は会得した。

味はといえば、引っかかっていた説明のつかない味はすっかり消えていた。しなやかでふくよかなコクがあり、野生の木いちごや、サクランボや、カシスの実が溶け合ったえも言われぬ果物の風味を醸し出していた。

何という不思議。一杯目と二杯目が同じワインだなんて、とても思えない。私は驚嘆した。そのことを主に伝えつつ、「カラフに移してから時間はどのくらいたっているのですか」と尋ねてみた。

「昼の十二時きっかりに栓を抜き、カラフに移しました。グラスに注ぎ始めたのは、八時をちょっと過ぎていたでしょう」と、主は変わらぬ笑顔でつつましく答えた。

「まあ、十二時！」と、私は思わず目を丸くした。

ブルゴーニュのワインは白も赤も香り美人が多く、香りも大きな楽しみの一つである。でも香りははかないもの。私は香りを最大限に楽しみたくて、ブルゴーニュのワインをカラフに移すことはめったにしない。香りが消えてしまうのではないかといつも怖れが先に立ってしまうのだ。

八時間も前に栓を抜いたことに対して、主は悠然としていた。「これでよいのです」と、ゆるぎない自信に満ちているように思えた。でも、主には少しも構えたところがない。しじゅう感じのよい笑みをたたえている。

食卓のどこかで、「ミレジムは?」と問う声が聞こえた。

「一九六四年です」と、主は穏やかに言った。

私はまたも驚いた。さっきから驚いてばかりいる。慌てて、頭の中で二〇一六から一九六四を引き算した。答えは五十二。つまり、今年五十二歳である。ゆうに半世紀を超えている。

これまでに飲んだワインのうち、私にとって一番古いワインは一九一五年のロマネ・サン・ヴィヴァンであり、一九二四年のリシュブールである（どちらもドメーヌ・ロマネ・コンティ産ではない）。いずれも、ローブはオレンジがかった淡い茶褐色で、ピノ・ノワールの魂を残してはいたけれど、料理とともに味わうのは無理だったろう。風味が衰え過ぎていたように思う。どちらも利き酒の折の余興として出されたものだった。

実際に、食卓で料理を味わいつつ飲んだ古いワインとなると、ボルドーにしろブルゴーニュにしろ、三十年をちょっと超えたものであり、いずれも素晴らしかった。私の記憶では、オレンジがかった赤褐色の色合いであること、まだまだ若いという印象を与えるワインが多かった。

半世紀たったワインを飲むというのは、これが初めての経験である。実に若い。若々しく見えるというのではない。本当に若い。もちろん十代の若さなどではない。女性でいえば三十八歳ごろから四十代の初めといった感じだ。気品があって優しいけれど、目が強く輝き、情熱を秘めているのが感じられる美しい人を、私は目に浮かべてみた。

食卓についていたのは十二人であるが、口ぐちにこのワインをほめたたえ、心地よく酔い、会話を弾ませ、フォアグラとカモシカのロティとグリーンピースの煮込みに舌鼓を打った。小鳥たちのさえずりが湧きあがるように、食卓じゅうが盛り上がった。

この夜の一九六四年産のクロ・ド・ヴジョは、シャトー・ド・ラトゥールというドメーヌで作られたワインである。ほぼ五〇ヘクタールのクロ・ド・ヴジョの畑を囲む石垣の中に醸造所と酒蔵を持つ唯一のドメーヌであり、この畑の中で生まれる唯一のワインである。しかも、このドメーヌは全体の一〇パーセントに及ぶ面積を所有している。

こんなことをわざわざ言うのは、クロ・ド・ヴジョの葡萄畑の所有者は八十人以上もいて、畑は細かく分割されているからである。その畑へブルゴーニュ各地の村々から、畑の手入れや葡萄の木の剪定や葡萄摘みのために出張してきているのである。醸造も彼らの本拠地の村でなされている。でも、所有者たちはいずれも名のある醸造家やネゴシアンだ。

クロ・ド・ヴジョの畑は中世の初めにシトー派の修道僧たちが開墾した葡萄園であり、畑はクロ（石垣）で囲まれている。豊かな骨格の優美なワインとして名を馳せ、王侯貴族のワインといわれていた。数え切れないほどの神話を持つブルゴーニュきっての有名なワインである。少しでも野心のある醸造家はみんなここに畑を持ちたがるけれど、畑の値段の高さはロマネ・コンティと並んで有名である。もっともロマネ・コンティのほうは値段がつけられないようだが。

一九六四年産のク・ロ・ド・ヴジョに話を戻そう。

深紅色の鮮やかさ、魅惑的な香り、なめらかな舌触り、優美なおいしさ、これが半世紀もたっているなんて。一瞬、半信半疑に襲われた。

こういうワインを飲む機会をいただいたお礼を言うと、「喜んでいただけて嬉しいです。また、いつかご一緒しましょう」と、主は相変わらずの笑顔で静かに言った。あくまでもつつましい。感嘆と感謝の言葉が繰り返しあふれた食卓で、一度たりとも自慢顔を見せることはなく、一言も得意げな言葉が出ることはなかった。

ワインに対してのコメントといえば、たったの一言。「このワインは父が買い付けたものです。以来、ずっと家の酒蔵で寝かせていました」だった。

昔とフランス人は言うけれど……昔、フランスには、父親が子供の生まれた年に、さらに年々その子供のために、ワインを買う伝統があった。一本のこともあるかもしれないが、たいていは一ケース（十二本）。あるいはもっと。人それぞれの財力によるだろう。そのワインは子供が成長するまで、日の当たらない地下の酒蔵の一隅に貯蔵される。

子供の成長は早い。あっという間に十年たち二十年たち三十年がたつ。さらには五十年も。その間、ワインはひそやかに呼吸し、ゆっくりと、のびのびと熟成する。そして、ある日、栓が抜かれると人間の度肝を抜くような風味がほとばしる。人を心地よく酔わせ、幸福感で包み込むのである。

人は飲んだワインのおいしさだけを語ったり、記憶するのではない。そのワインを飲んだ日はどんな日だったか、なぜそのひと瓶を開けたのか、誰と楽しみを享受したか、その人たちはどんな人だったのか、料理は何か、ワインとともに味わった幸福感、驚嘆、崇敬の念などは、祖父から父へ、子供へと代々語り継がれ、フランス人は家庭でごく自然にワインの知識や教養を身につけてきたように思われる。フランスのワイン文化は一朝一夕にできたのではない。

でも、こういう伝統はどうも貴族やブルジョワのものだったような気がする。だいぶ廃れてきているらしい。ワインの値上がり、多種多様な飲み物の氾濫、時間の流れ方の慌ただしさ、生活様式の変化、世界中の人たちのワインの奪い合いなど、理由は色々だ。

もう一度、話を元に戻そう。

食後酒の時、私たちは食卓を離れてサロンに戻った。ド・ヴィレーヌ氏が、「いいワインでしたね」と、そっと私に言った。私の興奮ぶりを見ていらしたらしい。五十年を経てなおあの鮮やかな赤色と優美な力強い味わい、その驚嘆を繰り返すと、「ほんとうですね。きっとマグナムの大瓶だったことや、この家の地下の酒蔵でずっと静かに保管されてきたおかげでしょうね」と、さりげなく言った。

この家は、とても大きい。実はシャトー・ド・プリィという名のシャトーである。ブルゴーニュ地方のニエーヴル県のはずれにあり、オーベルニュ地方に隣接している。パリからニエーヴル県の首邑ヌヴェールの町まで高速道路を走って二時間ほど。ヌヴェールからは田舎道を一五キロほど。でも、地図を広げてみると、フランスのへそに当たるような場所であり、大変に奥深い田舎だ。目に入るものといったら林や森や野原や畑ばかりである。

シャトー・ド・プリィは中世の初めは辺境の小さな城塞だった。一七世紀に、シャトーとして建設され、現在の当主はマルキ・デュ・ブルグ・ド・ボザ氏。この侯爵家は一八世紀から代々現在まで続いている。私たちは侯爵に招かれて、このシャトーに一泊したのだった。今まで文中に主と書いてきたが、それはブルグ・ド・ボザ侯爵のことである。侯爵は現在、農業家であり、ブルゴーニュ名物の食肉用のシャロレー牛を育てている。この牛は体が大きいうえに色が白いので野に放たれていると大変に目立つ。パリからディジョンに向かうTGVの窓からも、列車沿いに続く広い野原で草を食むシャロレー牛の群れが見られ、ブルゴーニュの風物詩のような存在である。

シャトーの敷地は一五六ヘクタールあり、林や森や野原や芝生の庭になっていて、真ん中あたりに小川が流れている。ロワール川流域にある数々の有名なシャトーは手の行き届いた美しいフランス庭園を持ち、見事な花を咲かせ、観光客で埋まっているが、ここは周りの田舎の景色にすっと溶け込んでいる。飾り気はまったくない。そして静かだ。

昼食後に林を散歩したら、小鹿が飛び跳ねて駆けていくのが見えた。他に野兎や猪やカモシカなども出没するらしい。これらの動物は、秋にしっかり狩猟し、食用にするという。「一年分はたっぷり冷凍してあります」と、侯爵夫人は微笑んで言った。

フランスには信じられないほど、数え切れないほどのシャトーが各地に存在しているが、維持するのが大変に難しいらしい。それで先祖代々の家屋敷を敷地とともに売り出す人は後を絶たない。もちろん場所やシャトーや敷地の大きさ、状態などによって値段はさまざまである。とはいえ、想像よりずっと安いことが多い。

侯爵夫妻はなんとか維持したいと頑張っていらっしゃる。そこで、シャトーの一部は民宿やセミナー、結婚披露宴の会場として賃貸している。

パリに戻ってから、一九六四年が素晴らしい当たり年であることを知った。日本の東京でオリンピックが開催された年でもある。あの頃、日本は希望に燃え、潑剌とした国だった。

侯爵は実に自然な物腰で、終始つつましかった。このような人柄のフランス人に、私はこれまで出会ったことがない。けれども、一九六四年産のクロ・ド・ヴジョの見事なおいしさを確信していらした。心配や不安らしいそぶりを見せることは微塵もなかった。

ふっと、侯爵の誕生年だったのかしらと思った。

シャンボール・ミュジニー村——葡萄畑の石垣とシトー会

朝、寝室の鎧戸を開けると、灰色の厚い雲が空に垂れこめ、もこもこと動いている。ギリシャのオリンピア山からゼウスが出張してきて、雲という雲をかき集めてしまったかのよう。つい、何となく眺めていると、ひとすじの白い雲がたなびき、その隙間にぽっこりと穴があいて、奥のほうに青い空が透きとおって見えた。

猫の額ほどの庭先に、石垣と緑色の金網の低い垣根があり、そこから伸びている緩やかな斜面に、よそ様の葡萄畑があり、さらに頂上に向かっての急斜面に二段の葡萄畑がある。朝日が昇るや柔らかい日差しを受け、よく晴れた日であれば、日が沈むまで陽光を浴びる幸福な葡萄畑だ。その先は帯状の雑木林であり、空はその上に広がっている。借景である。この借景に夫も私もひと目惚れ。即断で黄金の丘陵にあるこの小さな家を借りてしまった。

雑木林には小鳥たちが住んでいる。ずいぶんと色々な小鳥がいるらしく、声も様々で、競い合って鳴く。パンくずを食べにくるスズメを除くと、庭先まで降りてくるのは、黒い羽と黄色のくちばしを持つツグミだけだろう。お目当ては芝生の下のミミズかもしれないが、きれいな声で、

「雨が降りますよ」と知らせてくれる。ツグミの予報は、ほぼ確実だ。時折、ヒバリのつがいが葡萄畑に遊びに来て、葡萄の木の列の間を見え隠れする様子はまるで鬼ごっこ。喉から胸にかけて真っ赤な、その名もルージュ・ゴルジュ（赤喉）は、たまにさりげなく姿を見せてあいさつし、飛び去っていく。

快晴の日、青く澄み渡った空を見上げていると、どこからともなく鷹が舞うように現れ、ゆったりと旋回し、その飛翔の優美さに見惚れていると、いつの間にか視界から消えてしまう。

昨夜の天気予報では、朝から雨のはず。でも、ひょっとして晴れるかもしれない。青い空が、私にそう期待させた。ところが穴のような青空は、すぐぼってりとした鼠色の雲で埋まってしまった。

降りそうで降らない。思わせぶりな天気である。と思うや、天は私の気持ちを見透かしたように、小雨を降らせた。でも、五分と続いたかどうか。空模様からすれば、もっともっと降り続きそうなのに。強い風が吹き始めた。隣家のサクランボの木の葉がちぎれそうにゆれている。

片付けがすんで、あっと気が付くと、雲はいつの間にか消え去り、ヴェールで覆われたかのように淡い水色の空に変わっていた。ところが、みるみるヴェールがはがされていく。現れたのはきれいに透きとおった真っ青な空と真っ白な千切れ雲だった。千切れ雲は、次々に形を変えながら、すいすい流れていく。「おうい、雲よ」と、呼びたくなるのは、こんなときだろう。

太陽の光が、思い出したかのように雲の間から現れ、カッと葡萄畑に照りつける。

青空はどれほど続くことやら。

なんだか、大西洋岸はブルターニュの海辺のどこかの町に滞在しているかのようだ。天気が猫の目のように変わるのだから。気温も下がったり、上がったりで、セーターを着たり脱いだり、忙しい。でも、ブルゴーニュの気候は大陸型ときいている。

きょうの天気には、ブルゴーニュでよく耳にする微気候(ミクロクリマ)について、少し考えさせられた。雲間から一瞬、日が強烈に照りつけた時、太陽の恵みを大きく受けて明るく輝く葡萄畑もあれば、厚い雲の影が落ちて暗緑色に変わる葡萄畑もある。そして葡萄畑を渡る風は実に気まぐれでしょっちゅう進路を変え、いっとき、吹きさらしにあう葡萄畑もあれば、運よく風を食い止める石塀のある葡萄畑もある。

黄金の丘陵を埋めている葡萄畑は、みんな東向きの斜面にあるけれど、でこぼこと起伏があり、それぞれの葡萄畑の気候はそれぞれにずいぶんとちがう。一口に東向きといっても、角度が微妙に違っているのだ。だから日照時間の長短をはじめ、畑そのものの平均気温もちがう。テレビの天気予報のように広範囲の地域の一律的な天気とはまったく異なるのである。

その証拠に、葡萄の木の列の向きは葡萄畑の区画ごとにちがっている。それで、黄金の丘陵を国道沿いに眺めれば、まるでパッチワークの長い帯を敷いたかのように見える。

微気候は葡萄の熟成に影響するから、醸造家は自分の葡萄畑の微気候を熟知している。で、彼らは空の表情や雲の動きや風向きや雨量を敏感に読み取る。お天気博士でもあるだろう。そればかりか、年々のお天気を、コンピュータのごとく正確に自分の頭にしまってある。

どこのワイン産地の醸造家であれ、実際に話をする機会があれば、ある年のお天気をきいてみるといい。即座に、よどみなく、その特色を語ってくれるものだ。

明るい空に誘われて、玄関を出た。階段がある。上の段から、空とまわりの民家の古びた屋根が二つ三つ重なって見え、小さな景色だけれど一枚の絵のようになっていて、色合いはその時の天気によって万華鏡のように変わる。

階段を上り下りするごとに、どうしたって家が丘陵の中腹に建っていることを意識させられてしまう。

中庭の通路を下りて戸を押して外に出る。

真っ先に目にとまるのは、はす向かいの角にある低い二階建ての民家である。その家は、ブルゴーニュ風と呼びたくなるほど、ブルゴーニュでよく目にする色つきの瓦で葺(ふ)いたスレートの屋根を持つ。醸造家のアミヨー家である。有機栽培による葡萄からワインを作っていて、とてもおいしい。私はアミヨー家のシャンボール・ミュジニーの村名ワインを楽しんで飲む。

オスピス・ド・ボーヌのように屋根全体という豪華版ではないけれど、屋根の真ん中あたりに五つ、エナメル瓦で菱形に葺いた模様がはめ込まれていて、私に着物の紋付きを思い出させる。菱形は黄色の瓦で縁取りをし、中は焦げ茶色あるいはえんじ色か。何しろ苔むしているので定かではない。そして菱形に葺いた模様を持つ屋根の家は、この村だけでも十指に余るくらいはあるだろう。

この家の前は四つ辻の小さな広場になっている。といっても、そこだけ道幅がわずかに膨らんでいる程度であり、四つ辻はきっちりと直角に交差する十字型ではない。ずいぶんとちぐはぐに交差しているせいで、すぐには四つ辻と気がつかないほどだ。

ディジョン郊外のシュノーヴの町から偉大なブルゴーニュワイン街道を車で見学する人は、いくつかの村をくねくねと曲がりながら通り抜け、やがて左右にシャンベルタンの広々とした葡萄畑を眺めつつ気持ちよく走り、モレ・サン・ドニ村のいくつかの葡萄畑と村の中心地を抜け、右手にボンヌ・マールの葡萄畑を目にしつつ、ゆるく傾斜のついた道を下って、シャンボール・ミュジニー村の入り口の一つに着く。すると道はここで消え去り、この二階建ての民家が目の前に立ちはだかっているかのように見えるのである。この四つ辻が初めての車はとまどうに違いない。と、私は秘かに心配していた。

この辺はびっくりするほど外国の高級車がよく通る。それはブルゴーニュワインの好きな人がたくさんいるスイスやベルギーやオランダなどからやってきた車である。ところが、どの車もよく知っているとばかり、すっと右に折れて坂を登っていく。何のことはない。角の民家の前に「ヴジョ村方面、ニュイ・サン・ジョルジュ方面」のわかりやすい標識が出ているのだ。当たり前のことかもしれないが、標識がわかりにくかったり、無愛想なせいで、回り道をさせられたり、堂々巡りをさせられることが、田舎では多いのである。

実は左に曲がって下がる道を行ったほうが、ヴジョにもニュイ・サン・ジョルジュにも近い。でも、右の道を登って行けば、数々の醸造家や古い民家や村役場の建物が並び、泉やレストランやホテルや利き酒のできる酒蔵がある。奥まったところに暮らしの匂いと人の温もりを感じさせるシャトーもある。シャトーの門の扉は開かれていることが多く、前庭の芝生の上を黒と白の大きな鶏が行ったり来たりしている。全体の古びた様が何とも奥ゆかしい。

村のほぼ真ん中にかわいらしい教会がある。入り口の扉を押すと、内陣の奥に燃えるように赤いステンドグラスのキリストの磔像（たくぞう）があり、それが目に入る。これは一九五〇年代の魅力的な作品だが、内部の壁には一六世紀の壁画がところどころに残されている。鐘楼の屋根も一六世紀製といわれているが、この教会自体はもっと古い時代からあるように思われる。

村はいつもひっそりと静まり返り、どこからか村の人の声が聞こえてくるなんてことはない。ただ、時折、教会の鐘の音を耳にする。その鐘の音はとても控えめで、心地よいメロディが付いている。なんでも、祈りの時間を知らせる昔からの伝統なのだそうだ。

これで、ざっとシャンボール・ミュジニー村の雰囲気に触れることができる。

この村は、車から眺めるだけでなく、色々な道を上ったり下ったりしてジグザグに歩いたほうが、ずっと面白いように思う。人口三百人ぐらいの小さな村で、道は迷路のように入り組んでいるけれど、どこをどう歩こうと、趣のある様子をしている。

どちらの道を通っても、この村が誇る特級のミュジニーや、一級のレザムルーズ（「恋人同士」の意）の葡萄畑に続く道がある。

私は道を渡って、角の家の脇の路地に入る。ありがたいことに、高級車や観光用のミニバスがこの道を通ることはない。出会う人もめったにない。この道は、葡萄畑専用のトラクターが行き交う道だ。

あれは今年の復活祭の数日前だった。角の家の庭を囲む石塀の崩れかけたところから枝がはみ出していて、小さな白い花を二つ、三つ付けていた。何かしら。足を速めて近づいてみると、目を射るほどに凜とした白い五弁の花だった。枝ぶりといい、花の大きさといい、清楚なたたずまいといい、一見、梅の花と見まがうほどだが、どうも、ちがう。目を凝らしてゆっくりと眺めてみると桜の花であった。サクランボの実のなる桜の花である。

花びらの小さいことと、その風情に、つい惑わされたが、今では、野放しのせいで花が小さいことを知っている。主は葡萄畑の手入れに忙しくて、自分の家の庭木の面倒をみる時間がないらしい。苔むして崩れたままの石塀をそのままでほうっておくのもそのせいだろう。

黄金の丘陵にある村や葡萄畑で見かける、時代のついた石塀や石垣、とりわけ葡萄畑を囲むひなびた石垣が、私は好きだ。この石塀や石垣を地元ではクロ（囲い）と呼んでいる。クロは石灰岩の石片を丁寧に積み重ねたもので、石片は形も大きさも厚みも重さも千差万別である。古いクロを見ると、昔の人のきっちりとした手仕事への郷愁がふつふつと湧きあがる。

石片は葡萄畑を耕している最中にいっぱい出てくる。それは今でも変わらない。とはいえ、昔はもっともっと出てきたはずだ。大きな石は仕事の邪魔になり、畑の隅にほうっておかれた。ところが中世の初期、一二世紀ごろから、この石は葡萄畑を囲むクロとして、利用されるようになった。

たとえば、クロ・ド・ヴジョとかシャンベルタン・クロ・ド・ベーズとかクロ・サン・ジャックとか、クロ・デ・ランブレとか……。現在、クロは特級や一級のワインの葡萄畑についていることが多い。

それらのうち、ブルゴーニュのクロを代表するのは、なんといってもクロ・ド・ヴジョだろう。このワインはブルゴーニュの赤ワインのシンボルといわれている。それはクロ・ド・ヴジョというワインの歴史を知ると、なるほどと思う。

クロを実際に作り始めたのも、クロ・ド・ヴジョの葡萄畑の所有者であったシトー会の修道僧たちであった。

その理由は、自分たちの畑の境界を明確にして他の畑から区別すること、そうすることによって、その葡萄畑の土壌の性質や、微気候、その葡萄畑から生まれるワインの色や香りや風味などの特質の観察や分析がより明快になること、泥棒に葡萄の実を盗まれないようにすること、収穫前に野生のイノシシやカモシカなどの侵入を防いで荒らされないようにすること、豚などの家畜に葡萄の実を食べられないことなどであった。

そのほかにも、クロは昼間吸収した太陽熱を、夜間に葡萄畑に放出する利点があった。

シトー会修道院が、一二世紀の初めにブルゴーニュ公からヴジョにわずかな土地を賜った時、この土地は石灰岩の石片がごろごろしている荒れ地だった。ところが一四世紀にはもう五〇ヘクタールという広大で立派な葡萄畑になっていた。現在と変わらない面積だ。しかも、ヴジョに限らず、黄金の丘陵のいたるところに葡萄畑を持っていた。

それは王侯貴族、裕福な町人たちからの寄進、あるいは自らの購入によるものだった。中世の初期は十字軍の時代でもあり、王侯貴族たちは十字軍遠征の戦地に赴く前に、葡萄畑や土地、持参金つきの子息や貴金属などを修道院や教会などに寄付したのである。こういうおかげもあるけれど、とりわけ修道僧たちの働きがめざましかった。

しかもシトー会修道院は大変な商売上手であり、経営上手だった。おまけに教育上手だった。現在の農業学校、商業学校、行政学校並みに修道僧の教育に熱心だったようだ。

ブルゴーニュには他に一〇世紀に創設されたクリュニー会修道院があり、すでに名声が高かった。ロマネ・サン・ヴィヴァンやシャンベルタン・クロ・ド・ベーズなどの葡萄畑はクリュニー会が所有していた。

シトー会は一〇九八年にヴジョ村から二〇キロメートルほど奥まった平地にある森の中のシトーと呼ばれる地に始まった。創始者のロベール・ド・モレスムはベネディクト会の修道僧であったが、その頃のベネディクト会の気風になじまず、同志十四人とともに森の中に隠遁し、自給自足の厳しい貧しさの中で祈りの生活に入った。

そこに、一一一二年、ディジョン近郊フォンテーヌの貴族ベルナール（サン・ベルナール）はたったの二十一歳で、三十人の貴族の子弟を引き連れて加わり、主導者となった。ベルナールは教養のある心身溌剌とした威勢のよい若者であり、意志が強く、完璧主義者で、カリスマティックであった。わずか三年のうちに、四つも新しい修道院を建てた。一一五三年に彼が亡くなった時には、五百ほども修道院が建てられていた。その一世紀後には、二千の修道院と千四百の女子修道院がヨーロッパじゅうに建設されていたという。シトー会の勢力は強大になるばかりであった。

シトー会の修道院や教会の建築は清々しいほどにシンプルで美しい。古い聖堂や教会に見られる装飾というものがいっさいないのである。白ワインで有名なシャブリからそれほど遠くない、人里離れた森の中にあるシトー会のフォントネー修道院は、フランス革命の暴力から逃れた数少ない修道院で、修理修復が施されたことで、中世の頃の修道僧たちの静謐な生活が目に浮かんでくるように感じられる、心洗われる場所だ。現在は個人の所有で、建築や美術や歴史の好きな人たちの観光名所になっている。

そういえば、クロ・ド・ヴジョの葡萄畑の中にあるシャトーは、一二世紀に建設された酒蔵や醸造所に隣接して、一六世紀に修道院長の住まいとして建設されたものであるが、ルネッサンス風の装飾は目立たず、むしろシトー会の伝統的な建物の趣であり、実に簡素である。ロワール川沿いの華麗なルネッサンス様式のシャトーをたくさん見た後に、ここを訪れると、これがシャトーかと仰天する。蛇足だが、ボルドー地方ではシャトーと葡萄畑は一体になっているが、ブルゴーニュでクロ・ド・ヴジョのようにシャトーと葡萄畑がともにある例は珍しい。

修道院の生活は、清貧がモットーであり、祈りと労働の一日だった。シトー会では、労働は葡萄畑を耕すことと同じ意味であり、もっぱら荒れ地を耕して葡萄畑にすることや、ワイン作りであった。もちろん、ありとあらゆる食料品の生産をはじめ生活の必需品なども作り、ワインと同じく外部に販売した。中世には、シトーの製品といえば、質のよい製品の代名詞だったという。誰だったか、ある歴史家は、シトー会修道院は中世の総合商社だったと言っている（現在、販売されているのは、ルブルションによく似たチーズだけである）。

その報奨に、彼らは食卓でワインを飲むことを許された。おそらく一日にグラスに二杯ではなかったか。クリュニー会もシトー会もベネディクト会修道院から分かれたものだけど、ベネディクト会修道院をイタリアのモンテ・カッシーノに創建したサン・ブノワは、「飲み過ぎもよくないが全然飲まないのも胃によくない。一日にグラス二杯が適量であろう」と言ったそうだ。現在も、医者をはじめ、「ワインは一日にグラス二杯がよい」と言う人は多いが、その出どころはサン・ブノワの言葉であるような気がしてならない。

イタリアの作家ウンベルト・エーコの小説『薔薇の名前』は世界的なベストセラーであり、映画にもなって大ヒットした。この作品に出てくる修道院のモデルは、モンテ・カッシーノのベネディクト会修道院だろう。ローマとナポリの中間にあったそうだが、第二次世界大戦中に、破壊されてしまった。

クリュニー会の創建者は、「ベネディクト会は豪奢になり過ぎた、初心に戻って、清貧に神に仕えるべきである」と言って袂を分かった。ところがシトー会のサン・ベルナールは「クリュニー会は贅沢過ぎる」といって、強く攻撃した。シトー会の修道僧は、中世には自ら額に汗して働いた。しかし、修道僧の労働力だけでは手に負えないほど葡萄畑の面積が広大になったため、労働修道僧を募って、彼らを訓練した。だが、ルネッサンス時代には修道僧は管理者になり、贅沢に暮らし、フランス革命の折、修道院は徹底的に破壊された。

キリスト教では、パンはキリストの身体であり、ワインはキリストの血である。従って、ワインはミサに必要なものであり、修道院では自らワインを作っていた。だが、売るほどに大量に作った。ワインは手っ取り早い現金収入につながり、修道院の経営を潤した。中世の旅行者は王侯貴族も含めて、修道院に泊まるのが普通だった。その食事やもてなしにもワインは欠かせなかったのである。当時は庶民の間でさえも、もてなしにワインを存分にふるまうのが礼儀であったらしい。

石塀と修道院の話がすっかり長くなってしまった。

白い桜の花を見かけたところから散歩に戻ろう。石塀を過ぎると、今は使われていない屋根のついた洗濯場がある。洗濯機が出現するまでは村の女性たちの社交場であったかもしれない。そしてここに来れば、いつも何かしら村の情報が聞けたに違いない。

洗濯場を過ぎると左右に葡萄畑が見えてくる。どうもこのあたりは傾斜の一番低い場所に当たるようだ。葡萄畑の区画も小さくて、なんだか日本の水田のよう。でも、どの葡萄畑にも名前が付いていて、でき上がるワインの個性が違うのだ。みんな一級に格付けされた葡萄畑ばかりである。

蛇のようにくねくねしたカーブをいくつか過ぎると、軽く勾配のついた上り道になり、ほかよりもずっと幅が広くて舗装された下り坂の道にぶつかる。さっき、右に折れた車は村の中心地を走ってこの道に出て、ヴジョの村に入るなり、国道に出てニュイ・サン・ジョルジュの町に向かうことになる。

私はこの道を渡り、坂を上る。このあたりはたぶん標高二五〇メートルぐらいの高台で、左右にレザムルーズの葡萄畑があり、その下方に木々に包まれた瀟洒なヴジョ村が見える。

歩き続けると、右手に特級のミュジニーの葡萄畑。ミュジニーの葡萄畑も、サン・ベルナールの時代、すでにシトー会が所有していたことを、私はつい最近知った。シャンボール・ミュジニー村の他の多くの葡萄畑も、シトー会が所有していたようだ。たぶん、レザムルーズも。この村でできるワインの水準の高さの秘密が一つ解けたような気がする。

左手にべこべこと続く石塀に囲まれたクロ・ド・ヴジョのシャトーと葡萄畑のすべての景色が眼下に入る。のびのびと大きく広がるさまを眼にするのは気持ちが良く、胸が膨らむのを感じる。国道に面した裾野から始まるせいで、一見、平坦な土地に見えるが、目を凝らすと、葡萄畑は朝凪の折のゆったりした波のようなうねりがついている。国道沿いからシャトーまで歩いても息切れしないほどになだらかな登り斜面になっている。

実際にそばで眺めると、ある畑は他より一メートルぐらいも高かったり、ある畑はまるで窪地に沈んだかのようであったり、複雑な起伏が見られる。黄金の丘陵のほかの小さな葡萄畑と違って、五〇ヘクタールもあるから、どの辺で穫れる葡萄の実がおいしいのか私たちにはわかりにくいが、やはり非常に繊細で深みのある風味の葡萄が獲れる区画の場所とそれほどでもない区画の場所があるようだ。

ブルゴーニュの専門家の話では、畑の中でも標高が一番高い上段のあたり、シャトーを囲んでいる区画がよく、次に中段、そして国道沿いの下段の順序になるという。

現在では八十人以上の所有者がいて、畑が細分化されているので、不可能なことだが、シトー会の修道院が所有していたころ、修道僧たちはそれぞれの区画の土壌の質や性格や葡萄の風味を熟知してブレンドしていた。あるいはある区画に限って、そこで獲れる葡萄だけでワインを作ることもあったに違いない。彼らは、細かく観察し、分析し、記録を取っていた。より香りの深いワイン、より美しい赤色のワイン、口中に長く味の残るワイン、余韻を楽しめるワイン、保存のきくワイン、常にもっともっとおいしいワインを作る追求をしていた。サン・ベルナールの完璧主義はワイン作りにも強く影響していたのである。

よりおいしいワインを作る追求のエスプリは、今、ブルゴーニュの醸造家たちのワイン作りの姿勢の中に生きている。

バベットの晩餐会――クロ・ド・ヴジョ一八四六年

カレン・ブリクセンという作家が好きだ。

デンマークの女性作家であり、イサク・ディーネセンという男性的な筆名でも知られる。アフリカのケニアで一七年間コーヒー農園を経営していた。結果的には破産して、デンマークに戻る。代表作の『アフリカの日々』は、コーヒー農園の女主人としての暮らしを軸に書かれ、アフリカの伝説や伝統を豊かに盛り込んだ自伝的な小説であり、力強い文章と物語のみずみずしさで、読む人を圧倒する。

この作品が発表されたのは一九三七年であり、初めにアメリカで注目され、後に世界的なベストセラーになった。

メリル・ストリープとロバート・レッドフォードの主演で、『愛と哀しみの果て』というタイトルの映画にもなった。映画化は一九八五年で、評判になったように思う。でも、私は小説（横山貞子訳、晶文社）のほうが好きだ。千倍も。

カレン・ブリクセンの文章は硬質で透明で……と、たくさんの男性作家が賞賛しているから、賞賛は彼らに譲るとして、私がカレン・ブリクセンに親しみを持っているのは、作品を通して、カレン・ブリクセンが大変なワイン好き、あるいはワイン通に思われるからである。

作品の多くにワインが登場するけれど、モーパッサンの作品中のワインのように単なる小道具ではなく、カレン・ブリクセンはワインに必ず意味を持たせているし、その場面にふさわしいワインの名前を出すし、ワインの選択のセンスがよくて、つい胸がときめいてしまう。そこで何かしら考えさせられるのである。

たとえば、「老男爵の思い出話」(横山貞子訳、『ピサへの道』、白水社)では、こんな風である。

「雨の夜のシャンペンはじつにありがたい。デンマーク人のある老主教がこう言っていたな。真理を悟るにはさまざまな道がある。バーガンディー産の葡萄酒もそのひとつなのだ、と」

カレン・ブリクセンはデンマークに引き揚げる時、家具をはじめ書籍や陶磁器やガラス食器などすべての家財を処分した。現地に住んでいる人たちが次々と買っていった。ところが、『アフリカの日々』にこんな場面がある。

「ある日私はグラス類を売ったが、その晩じっくり考えた末、翌朝ナイロビに出かけて買い主をたずね、約束を取り消しにしてもらった。もうグラス類を置く場所はないのだが、かつて最上のぶどう酒を贈られるたびに使い、大勢の友人たちの指や唇がふれた器ではないか。それらには昔のたのしい食卓の会話の思い出がまつわっている。とても手ばなすわけにはゆかなかった。結局、こわれやすいものなのだから、もっていても別にかまわないわけだ、と私は思った」

この文章を読んでいた時、胸がきゅんとし、カレン・ブリクセンの感受性に思いを馳せずにはいられなかった。おおぜいの友人の指や唇と書いているけれど、それはとりわけ恋人だったデニスや男友達だったバークレーのことなのだろう。デニスとバークレーはイギリスの貴族出身で、豊かな教養と高い知性を持っていた。二人とも目に浮かんでくるほどに魅力的だ。

カレンが彼女の家は共産主義世帯というほどに、家にあるものは三人で共有し、足りないものがあると思うと彼らはあれこれ持ち込んだ。なかでも、この家のワインと煙草については高い水準を保とうと努めた。そして二人とも、カレンを彼らと同じ水準のワイン通に仕立てようという野心をもち、その目的達成のためには時間と工夫を惜しまなかった、という。

カレンは二人の素敵な教授から個人レッスンを受けたわけだ。私などため息が出るほど羨ましい。

「バークレーが農園に滞在中は、毎日午前十一時に、シャンペンを一瓶持って森に出かけてゆく。一度こんなことがあった。滞在を終えて帰るとき、いろいろありがとうとお礼を言ったあと、すばらしい滞在だったが、ひとつだけ難を言えば、森でシャンペンを飲むとき、下等で粗末なグラスを使わせられたのは残念だったとつけくわえた。「バークレー、それは私もわかっていたのよ」と私は言った。「でも、上等のグラスはもうわずかしか残っていないし、森のなかのあんなに遠くまではこぶあいだに、ハウスボーイはグラスをこわすかもしれませんもの。」バークレーは握手したまま、まじめな顔で私を見つめた。「しかしね、君、あれは情けなかったよ。」それ以来、バークレーは森の奥まで、私の最上等のグラスをとどけてもらえるようになった」

バークレー教授はこんな具合だったのだ。実に厳しい。バークレーが貴族だからというより、ワインは高貴な飲み物であり、そのワインに対する愛情と敬意、おいしいワインはそれにふさわしい上質の美しいグラスを使うことを学んでもらいたかったのだと思う。

カレンの陶磁器はロイヤルコペンハーゲンの製品であり、グラスはクリスタルだ。最高級品である。コペンハーゲンにいるのならともかく、アフリカでは壊したら次はいつ入手できることか。私にはカレンのせつない気持ちが痛いほどわかる。

二人が大変なワイン通であったのは確かに違いない。それも単にワインの風味やワインの産地やワインの種類について語るだけのワイン通ではない。ワインの背景にあるギリシャの古典や、キリスト教の歴史や、聖書にふんだんに登場するワインの知識を縦横に語る教養を備えてのワイン通だったのではあるまいか。

それはカレンの作品中のワインの語り方でわかる。

たしか一九八〇年代のことだったと記憶している。フィガロ新聞社の主催で、英仏利き酒大会があり、イギリスが勝った。どういう人が参加し、ワインが何であったかは覚えていないが、フランスが負け、イギリスが勝ったということだけをしっかりと覚えている。当時、私にはとても意外で、目をむいたからである。今だったら驚かないかもしれないけれど。

イギリスのワイン文化の水準が高いことに目をとめたのは、このことがきっかけだった。

現在、イギリスはスパークリングワインを始め、とても熱心にワインを生産しているけれど、中世の頃、フランスのボルドー地方はイギリスの領地であった。イギリス人はボルドーワインの風味の洗練と発展に大いにかかわってきた歴史を持っているのである。

イギリスはワインを生産しなかった分だけ、ワインを生産するフランスより、ワイン文化に対する好奇心が強くて、より熱心なのだと、私は思う。ヒュー・ジョンソン氏のようなスタイルのワイン専門家がイギリスで生まれたのは偶然ではあるまい。

デニスとバークレーは真のワイン通であっただろう。そしてカレンは筋のよい弟子であったに違いない。でも、カレン・ブリクセンはワインについて二人から大いに学んだかもしれないが、そのほかの教養に関しては、デニスとバークレーに勝るとも劣らなかったのではないか。

カレンはワインについてまったく知らないというのではなかった。若いころ画学生としてパリで暮らしたことがある。実際に自分でもワインを飲み、フランス人のワインの飲み方を直接見聞きしているはずだ。それにカレンはデンマークの地主の家に生まれ、当主は代々、高位の軍人であったというから、家庭で食事とともにワインを飲むことがあったのではないか。カレンの作品からの想像だが、デンマークの王室をはじめ上流階級や裕福な家庭ではワインを飲んだようだ。

北欧のノルウェー、スウェーデン、デンマークはプロテスタントの国であり、民度が高く、洗練された暮らしをしているが、食に関してはつつましいそうだ。おいしい話もあまり伝わってこない。わずかにサケの燻製が知られているくらいだ。

でもデンマークは高品質で気品のある陶磁器やクリスタルのグラスや銀製の食器を生んでいる。ロイヤルコペンハーゲン社や銀器のジョージ・ジェンセン社などは、ヨーロッパはもちろんのこと、世界的にも名高い。美しい食器を生産している国であれば、おいしいものを食べ、おいしいものを飲む風習があるはずだ、と私は思ってきた。何しろ四十年以上も前からロイヤルコペンハーゲン社のティーポットや紅茶茶碗を使っている大ファンなのです。中国の明朝の染付がヒントだという白と青が基調で、小花が可憐にデザイン化された磁器であり、美しい。そのうえに丈夫なので気軽に使えて実用的であり、気に入っている。

美しい食器のあるところ、おいしいものあり。おいしいものにたいして繊細な感覚を表現する人がいるものだ。

そんなふだんの私の思いを明かしてくれたのは、『アフリカの日々』の二年後に映画化された『バベットの晩餐会』である。やはりカレン・ブリクセンが原作だ。こちらのほうは小説より映画のほうが、私は素直に楽しめた。

『バベットの晩餐会』を、思い出したのはとても久しぶりのことであり、思いがけない偶然からだった。

二〇一六年の春、クロ・ド・ヴジョの一九六四年産を飲んだ日、私は茫然とした。あの心地よい酔いの印象は、日がたつほどに冴えてきた。もちろん、具体的な香りや味をその通りに再現して話すことは、もうできない。でもワインのおいしさと、このワインを心ゆくまで味わった幸福な時間の深い印象は、死ぬまで忘れまい。

飲んだ日以来、このワインのことを思わない日はない。なぜなのだろう。

こんなことが頭を堂々巡りをしていた夏の初めに、十三カ月になる孫（男の子）を家で一週間ほどあずかった。乳児の食事の面倒をみるのは三十四年ぶりのこと。何もかも忘れてしまっていて自信がなかったが、娘の頼みであり、仕方がない。

主食はミネラルウォーターのエビアンとヘパール少々で溶いた粉ミルクであり、これはまったく問題ないが、離乳食が始まっていて、毎日、粉ミルクのほかに、野菜のピュレや、鶏や牛や仔牛のひき肉に野菜の混じったピュレを食べさせなければならない。そのほかには、果物、ヨーグルト、脂肪率○パーセントのフロマージュブラン、果物のピュレ、ビスケット、パンなどである。娘は、ピュレから食べさせるようにと注文をつけ、既製の瓶詰めのピュレを各種取り揃えて持ってきた。湯煎して温めなければならない。私が自前で作ってもよいが、その場合は塩を入れないでねと、念を押された。まだ腎臓がちゃんと形成されていないからというのが、その理由らしい。

それから、ワインを飲ませないようにと厳しく釘を刺された。「はい、はい」というしかない。というのは、家族でシャンパーニュを飲む時、夫は指で、孫の唇をシャンパーニュで湿らすのである。初め、孫は目を見開いて驚くけれどきれいに唇を舐めてしまう。しかも夫や私のシャンパーニュグラスに手を伸ばすのだ。で、私たちに向かって娘は烈火のごとく怒るのである。ワインを飲ませないようにというのはこのことだ。

さて、最初の食事。瓶詰めのピュレを食べさせようとすると、ひと匙めから、孫はプイと顔を横に背けて拒絶し、どんなになだめすかしても頭を左右に振って、頑として受け付けず、私はただ驚くばかり。そんなにまずいものなのかしら、と味わってみると、案外よくできている。それなのにだ。次はヨーグルト。いちごを刻んで混ぜて食べさせる。これは好きなようだ。桃でもスイカでも梨でもマンゴーでも、果物はみんな食べる。

なにしろ野菜のピュレは瓶を見ただけで拒絶反応を見せるので、茶碗に移してみたが、せいぜい二くち三くち。もう既製の味に飽き飽きしているのかもしれないと思い、二日目、ホウレン草やブロッコリー、じゃがいもやねぎや人参をゆでて、適当に混ぜ合わせてピュレを作ってみた。でも、結果はあまり変わらない。もしかしたら、ピュレを得体のしれない気味の悪い食べ物だと思っているのかもしれない。他のものは何でも食べるのに、これでは野菜不足になってしまう。心配になった。

りんごと人参をすりおろして食べさせると、すんなり食べた。次は人参をやわらかく煮たもの。これもうまくいった。孫がいちばん気に入っているのはパンである。バゲットの皮をちぎって手に持たせると、しゃぶりつつ器用に食べる。皮に少し身が付いているとちゃんとむしって食べる。パンは一度手にしたら決して離さない。なぜ、パンが好きなのか。思うに、塩味が付いているからにちがいない。田舎風パテを小指のほんの先ほど口に放り込んでやると、もっと欲しがるのだ。既製のピュレにも塩は入っているのだが、どうも野菜の味にかき消されてしまっているようだ。

三日目。あることがぱっと頭にひらめいた。

アリコ・ブラン（白豆）と呼ばれる、うずら豆によく似たさや付きの豆が私は大好きで、鉄鍋にさいの目に切った人参や丸ごとの小玉ねぎや皮をつけたままのにんにくを一緒に入れてタイムを振りかけ、塩をし、じっくりと煮込む。わが家の定番の惣菜の一つだ。おいしいのでさやをむく手間など少しも苦にならない。

この日は、夫に「塩を入れるのを忘れたのか」と言われるくらいに塩の量を控え、にんにくを抜いて、いつものように弱火で一時間以上も豆を煮た。豆はふっくらと煮上がり、人参も小玉ねぎも口の中でとろけるほどやわらかい。しかも豆のうまみが人参にも小玉ねぎにも染み込んでいる。

この人参と小玉ねぎを孫に食べさせると、人参を一つ食べ終わるや、身を乗り出して人差指をまっすぐにして器を指す。「もっと」という合図である。なんと、時折、口をつぼめて舌をちゃっちゃっと打ち、目を細めてにこにこさせてみせる。生後十三カ月で、食べ物のおいしさをこれほどに顔の表情で表すことができるものなのかと、たまげるやら嬉しいやら。

滞在中たった一回の出来事ではあったけれど、どうやら、料理を通して孫の心を喜ばせたものらしい。私はそう思い、ひそかに孫の何倍も喜んだ。

この時である。ふいに、『バベットの晩餐会』の食卓が目に浮かんだのは。とりわけ一人の老女の目と頬が優しくなごみ、いとも幸せそうな表情を見せる場面を私は思い出したのである。この老女はもちろんデンマーク人だけれど、面差しがどこか日本の女性に似ているせいで、記憶に強く残っていた。私は大急ぎでフランス語訳の『バベットの晩餐会』を読み返した。

『バベットの晩餐会』のストーリーをかいつまんでお話ししよう。

ユトランド半島の海辺にある貧しい寒村が舞台で、村の人々はプロテスタントの牧師と清楚で美しい二人の娘を中心に、質素に暮らしていた。その牧師館へ、パリ・コミューンで夫と子供を殺されたバベットがパリから逃亡してきた。一八七一年の嵐の夜のことだった。バベットは牧師館に置いてもらえることになり、家政婦として働いた。それから十四年たつ。牧師はすでに亡くなっており、その年は牧師の生誕百年にあたった。パリを離れてから、バベットは年に一回、パリの宝くじを買うのを楽しみにしていたところ、奇しくもこの年、宝くじに当たり一万フランを獲得した。

バベットはこれまで世話になったお礼に、牧師の生誕百年を記念して、「フランス料理の晩餐会」を牧師館で催し、村の長老たちを招待する案を二人の姉妹に提案した。バベットが費用を負担し、料理をつくる。

バベットは料理の材料の調達のために、二週間暇を取る。二人の姉妹も村の長老たちも、フランス料理と聞いただけで警戒心を起こした。北欧の寒村にまでフランス料理の贅沢さとおいしさは鳴り響いていて、彼らには悪魔的だったのだ。

さて、朝から雪の降りしきる晩餐会の日、人々は食べ物については決して何も語るまいと決心する。舌は神を礼賛するためにあるのだからと。

中にデンマーク軍の将軍とその伯母がいた。将軍は若い士官の頃放蕩し、父親の命令で、この寒村の近くに住む伯母の館に送られたのだった。そして、牧師の姉娘のマルテーヌに熱烈な恋をした。だが、彼の激しい恋は報われなかった。以後、彼は軍務一筋で将軍の地位まで昇った。この日は偶然、九十歳を過ぎた年老いた伯母に会いにきていたのだった。伯母は将軍を同行してもよいか姉妹に問い合わせる。返事は「喜んで」だった。

食卓についたのは十二人。バベットは将軍が軍務のためパリで数年間過ごしたことがあるときき、張り切った。はじめ人々はぎこちなく、かたくなな態度を崩さなかった。でも、目が覚めるようなご馳走が次々と出てきて、ワインも見事なおいしさのものばかりである。人々の心は少しずつなごみ始め、そっと心が開き、喜びの気分を控えめだけどおずおずと語るようになった。どの人の身体にも天使がしのび込んだかのように、目も顔もきらきらと輝き始めた。

食卓はもうそれだけで明るくなってしまった。牧師館での食事はいつも静寂に包まれていたのに、やがて牧師に初めて会ったときの話を皮切りに、それぞれが「いい話」をした。

初めから楽しげにくつろいでいたのは将軍であり、スープをひと匙口に入れるや「海亀のスープではないか。なんというおいしさなのだ」と驚いたり、ワインの素晴らしさにうなったり、料理の名前を言い当てたりして愉快にご馳走を堪能している。将軍は食通だった。主菜のうずらの料理が、当時パリの上流階級の間でときめいていた高級レストラン「カフェ・アングレ」の特別料理であることを見抜き、どうしてこの寒村でと不思議がる。

実はバベットはパリで料理人をしていた。しかもその「カフェ・アングレ」の女料理長だったのだ。

将軍がパリで軍務についていたのは若くて無頼な士官の時代であり、ある時、馬術大会で優勝した。すると仲間のフランスの士官たちが、将軍をカフェ・アングレの晩餐に招待して祝ってくれた。その時、うずらの特別料理が出た。将軍はその味をちゃんと覚えていたのである。

このパリでの晩餐が将軍には忘れられない。その食卓では、将軍の真向かいの席に、だいぶ前からあきらめ半分に言い寄っていた優雅で気品のある女性が座っていた。その美しい女性がシャンパーニュのグラスを手に、濡れるような瞳で将軍にじっと見惚れていた。そして、「あなたのお申し出、承諾しますわ」と目でこたえ、将軍はそれに気づいた。と、突然、牧師の姉娘の清楚な笑顔が目前に現れ、再び恋心が芽生えるのを感じた。その夕べ、将軍は口がきけなくなってしまったかのように無口だった。そんな思い出がある。

うずらの料理に出されたワインは、クロ・ド・ヴジョの一八四六年産である。王侯のワインと言われた格の高いワインであり、野鳥料理にふさわしい風味を持っているという定評があり、その年、三十九歳だった。ひと口飲むだけで将軍の目がきらりと光った。

バベットは、海亀やうずらなどは生きたままで、そのほか肉塊も果物も、そしてワインもすべてフランスから仕入れた。さすがに一流レストランの料理長だった。ところがそれを見た牧師館の姉妹は生きた気がしなかった。

「バベット、その瓶はまさかワインではないでしょうね」

たくさんのワインの瓶を見かけて、姉娘は震える声で聞いた。

「えっ、ワインですって、マダム。いいえ。これはクロ・ド・ヴジョ一八四六です。モントルグィユ通りのフィリップの店から取り寄せたものですよ」とバベットはとっさの機転を利かせた。

愉快なことに、姉娘はワインに名前があることを知らなかったのである。晩餐会にはシャンパーニュのヴーヴ・クリコ一八六〇年産も出されたが、将軍を除くと、みんなは夢のようにおいしいレモネードだと無邪気に思っていた。このワインはロシア皇帝をはじめ高位の貴族の好物で、高価で贅沢な飲み物だった。

ヴーヴ・クリコの一八六〇年産はきっと甘口であったろう。一九世紀には甘口のシャンパーニュが大変人気があった。とりわけ、寒い国々ロシアや北欧でもてはやされた。

二〇一〇年の夏、バルト海の海底に沈んでいた船の底からヴーヴ・クリコ社の古いシャンパーニュが発見された。それは推定一八三九年ごろの製品で、マダム・クリコ自身が采配をふるっていた時代のシャンパーニュといわれている（貴重な何本かを手に入れたヴーヴ・クリコ社では、二〇一二年に著名なワイン専門家を招待して利き酒をした。約百七十歳のシャンパーニュは琥珀色で、いくつかの泡が立ち上り、古いラム酒の香りと古パルミジャーノ・チーズの匂いがし、ロシア人好みの濃い甘さだったという）。

晩餐会が終わった時、雪はやんでいた。外は一面の雪景色だった。

まず、将軍とその伯母が席を立った。姉妹は二人を外まで見送った。妹が老女の世話を焼き、将軍は姉のマルテーヌの手を取り、無言で長い間そうしていた。と、思い切ったように口を開いた。きっと、長い間、このことを確かめたかったのだ。

「私はこれまでずっと、毎日、あなたとともにいました。あなたはこのことをご存じでしたでしょうか？」

「ええ、知っております。私もずっとあなたとともにおりました」

「これからも生きている間中、私はあなたとともにいることをおわかりいただけるでしょうね。毎晩、今夜のように、食卓にあなたとともに座りましょう。肉体には何の意味もありませんが、心にはあります。私たちの世界は美しく、何ごとも可能であることを、今晩私は学びました」

将軍にとって、その晩はこれまでの人生の中でいちばん心豊かなひと時であったに違いない。将軍は王の寵を受け、社交界でも軍隊でもひときわ人気が高く、友人に恵まれ、家庭的というよりは社交的な美しい妻を持ち、数え切れないほどの勲章を得ていた。ところがそのようなものはすべて虚栄にすぎない、何かが足りないと、将軍はいつも心の中ではさびしかった。

みんなが家路に着いた時、姉妹はバベットに心から感謝し、こういった。

「あなたがパリに戻った後も、みんな今日の晩餐会のことは決して忘れないでしょう」

「えっ。私はパリには戻りませんよ」

「でも、あなたは今ではお金持ちなのですから、ここにいる必要はありませんでしょう」

「いいえ。お金はもうありません。一万フランはすべて晩餐会で使い果たしました。カフェ・アングレでは十二人の食事はちょうど一万フランなのです」

「まあ、私たちのためにすべてを使ってしまったなんて」

「いいえ、あなたたちのためではありません。自分のためです。私は芸術家なのです」と、バベットは昂然として言い放った。

「ではバベット、あなたはいつまでも貧しいのね」

「私が、貧しいですって。私は決して貧しくはありません。今言ったように私は芸術家なのです。偉大な芸術家は決して貧しくはありません。私たち芸術家には、あなた方にはまったくわからないものがそなわっているのです。人を狂喜させたり、感激させたり、涙させたり、勇気づけたり、幸せにする喜びが、芸術家の喜びなのです。そのために自分のすべてを投げ出すのが芸術家の喜びなのです」

短い話なのに、ワインやご馳走を通して、とびきりおいしい料理がいかに精神を喜ばせるかということが語られている。

この頃では、朝のあいさつのように、料理人は芸術家であるとよく言われるが、私は『バベットの晩餐会』を読み返したおかげで、バベットの言うことを読んだおかげで、なぜすぐれた料理人が芸術家なのかが以前よりずっとよく理解できた。そもそもバベットはこのことを姉妹に理解させるために言ったのだけれど、カレン・ブリクセンはもちろん読者にわかってもらいたかったのだと思う。

私はまた一九六四年産のクロ・ド・ヴジョのつややかに輝く赤色のワインを思い出した。シャトーを劇場に、食堂を舞台に仕立て、食卓についた面々を登場人物に見立てて、ひとりひとりの顔の表情を目に浮かべてみた。

誰もが、食卓が醸し出した高揚感に酔っていた。それは一九六四年産のクロ・ド・ヴジョのおいしさのおかげが大きかった。

優れたワインの醸造家もまた芸術家であると、日頃、私は思っている。

ヴジョ村の簡易食堂

ヴジョ村にあるクロ・ド・ヴジョのゆったりした大きな葡萄畑の海の中に、孤島のように浮かぶシャトーは実に地味だ。建物の大きさこそシャトーといえるけれど、私にはシャトーという印象はない。それは一九七〇年代に初めて見た時から変わらない。

けれども美しい。潔く、きっぱりした美しさだ。ふつうのシャトーに見られるような飾りは一切ない。

シャトーと周りの葡萄畑は、フランス革命まで、シトー会修道院が所有していた。設計も建設もシトー会の修道僧である。シトー会の建築物は感覚を刺激し、目を楽しませる物のすべてを、精神の修行を妨げるものとして潔く拒否した。シトー会の日常のモットーは「清く、貧しく。そして働くこと」だった。

大変に地味だけれども、ブルゴーニュにある数多くのシャトーの中で世界的に知られているのはこのクロ・ド・ヴジョだろう。ここには、利き酒の騎士の会の本部が置かれ、シャトー内の酒蔵で利き酒の騎士の華やかな叙勲式と豪勢な祝宴会がある。

利き酒の騎士の会は、一九三四年にブルゴーニュワインの販売促進が目的で始まった。今では年に十八回も開催され、東京やニューヨークを始め世界各国の大都市に支部を持つ。

シャトーは一六世紀の半ばごろ、ワイン貯蔵庫に隣接して、院長の住まいとして建てられたといわれるが、実際には院長は住まなかったらしい。ここはワイン貯蔵庫とワイン醸造所として重要だった。

シャトーの核は一二世紀に建設されたワイン貯蔵庫の酒蔵であり、この貯蔵庫の見事さはたとえようもない。現在、五百人から六百人もの人々がいっぺんに食卓につける祝宴会の会場として利用されている。清貧をモットーとした一二世紀の修道僧たちが、ブルゴーニュ公の豪勢な宴会を彷彿とさせる騎士の会の祝宴を見たら、きっと驚くだろう。この酒蔵には中世のシトー会の修道僧たちの魂が潜んでいるかもしれないのだから。

ふつうブルゴーニュでは酒蔵というと、地下に作られているが、ここは岩盤があるせいで掘ることが不可能なため地上にある。それなのに、気温はワインの貯蔵に理想的な温度といわれる六度から一四度。そうなるように設計されているのである。たとえば、窓が極端に小さく、石壁の厚みは二メートルほど。柱も床も石材。天井には六五センチの厚さの砂が断熱材として敷かれている。その重さは二〇〇トンに及ぶらしい。この上の目深(まぶか)な屋根の線はシャープだが、時代のついた屋根は何ともいえない趣がある。

醸造所には一五世紀に作られた樫の木製の巨大で頑丈な葡萄圧搾器が三台もあり、見ものである。今でもこの圧搾器は定期的に使用されるという。中世の最盛期には大小取り混ぜてもっと多くの葡萄圧搾器があり、葡萄の収穫量に合わせて使用した。

シャトーを取り巻くクロ・ド・ヴジョの葡萄畑は五〇ヘクタールあるが、シトー会はほかにも黄金の丘陵のあちこちに葡萄畑を持ち、フランス革命まで一〇〇ヘクタールもの葡萄畑を所有していた。この醸造所で作られるワインの量は八百から九百樽であったという。

シャトーでは利き酒の騎士の会の祝宴を始め、コンサート、講演会、セミナー、結婚式、展覧会などがしょっちゅう開催されるし、観光で訪れる人も多く、ひっきりなしに客がある。

だが、ついでにヴジョ村を歩いてみようという人はほとんどいるまい。正直に白状すれば、私などシャトーでの利き酒の騎士の会に出席する時、この村にある小さなホテルに宿泊したくせに、村を散歩してみたことはなかった。パリからTGVに乗って、ディジョンで降り、タクシーでホテルに着くのは夕方である。それから着替えて、シャトーまで歩く。騎士の会が終わるのは、たいてい夜中の一時ごろ。翌日、朝食をすませるや、パリに戻る。二、三日宿泊することがあっても、利き酒や醸造家とのランデヴーなどがあり、ヴジョ村にお世話になるのは寝る時間だけだった。

ところがシャンボール・ミュジニー村に家を借りて以来、散歩の折、この村を時々通る。いつもひっそりしている。村役場のあるメインストリートは三〇〇メートルあるかどうか。両側に立つ一軒一軒の建物はどれも表情が違い、ひなびた趣であり、通り全体に瀟洒な香りが漂う。葡萄栽培やワイン醸造をする農家の雰囲気ではない。それでいて、この通りから葡萄畑に向かう路地に入ると、低い屋根と小さな窓と戸口を持つ家が連なる長屋があったりする。昔は、葡萄畑で働く労働者の住居だったに違いない。

メインストリートにほぼ並行して、民家の裏側を国道が走り、国道に沿って背の高い木が茂る森がある。森の中には敷地を贅沢にとった素敵な民家が十軒ほどあり、どの家も現代的な美しいたたずまいの建築であり、広い庭を持つ。家はそれぞれに個性的で建築家も違うようだ。つまり、森は高級住宅地である。ここもヴジョ村の一部である。いったい何があるのかと、恐る恐る森に足を踏み入れて、この住宅地を発見した時は、あまりにも意外でびっくりした。

シャンボール・ミュジニー村からシャトーに向かう高台にあるレザムルーズの葡萄畑のあたりで足を止めて、ヴジョ村を見下ろし、そこから広がる田園風景の平野を見渡すのが、私は好きだ。森はこの眺めの中に入る。こんもりと形よく茂り、木々は樹齢が古そうで、日本流に言えば鎮守の森の風情である。この森は何なのか。何があるのかと好奇心を膨らませて出かけると、高級住宅地だったのである。

森の脇を透きとおった水の小川が流れている。ヴージュ川だ。野鴨の一家が行ったり来たりしている。ヴージュ川はヴジョ村の名のいわれらしいが、メインストリートのはずれの下を流れ、橋がかかっている。この欄干から葡萄畑に向かっての景色は、目に染みるほどに快い。ヴージュ川の水源地の泉はここからそう遠くない。レザムルーズの葡萄畑の下方の岩から絶えず湧き出ているという。その岩は私有地の中にあり、近づくことはできない。

ヴージュ川は森の後方に続くジイイ・レ・シトー村を流れ、さらに三つほどの村を通りシトー会の本部のある敷地を流れてサオン川に注ぐ。サオン川はリヨンでローヌ川に合流する。全長三三キロといわれるが、細々と流れる小川であり、ほとんど目立たない。

　レザムルーズの葡萄畑の上からは、こんもりとした森の向こうに教会の塔も見える。教会はジイイ・レ・シトー村にある。村名にシトーという名が入っているように、この村にはシトー会の修道院長が住んでいたシャトーがあり、フランス革命の前はシトー会の城下町だったろう。町はとても小さいが、城下町らしい品のよい雰囲気を感じさせる美しい村である。ディジョンやボーヌの町の中心地にある旧市街地も魅力的だが、ここはずっとずっと小さくて、雑踏がなく静かだ。シャトーにしろ、教会にしろ、役場にしろ、ワイン貯蔵庫にしろ、民家にしろ、シトー会の美的感覚が生きているシンプルなたたずまいの建築物が多い。中世やルネッサンス時代には、シトー会の関係者が住む村であったに違いない。ジイイ・ド・シャトーは、現在、レストラン付きの四つ星のホテルになっている。フランス庭園があり、のびのびした感じだ。

　この村を過ぎるとポツンポツンと離れて三つほど村があるけれど、黄金の丘陵にある村々とはおよそ趣が違う。穀物や農作物を作る農村の雰囲気だ。しかし、これらの村も昔はシトー会が支配していたように思われる。

　やがて大きな森にぶつかる。今では国有の森だが、以前はシトー会のものだった。革命前はブルゴーニュのあちこちに三万ヘクタールもの森林を所有していた。森を抜けると牧場があり、乳牛が草を食んでいる。この牧場は現在、シトー会のものである。

　シトー会は中世にワイン作りで名を馳せ、ブルゴーニュワインの醸造技術の基礎とワイン作りのエスプリを今に伝えていることはよく知られているが、今はまったく葡萄畑を所有していない。

シトー会のワインはおいしいことで有名な高級ワインであり、その販売は修道院の経営を潤沢にしていた。

食料品を始め何でも作っていた昔とは違い、今はチーズだけを作っている。柔らかい風味のおいしい円形のチーズであり、なかなかの高級品である。作られている量が少なく、パリではたまにしか見られないけれど、奪い合いの様子であり、いくらお金を出しても惜しくないというファンがいるらしい。ブルゴーニュではディジョンやボーヌやニュイ・サン・ジョルジュの市場などで買うことができる。

牧場を過ぎるとただの平地にシトー会本部の修道院と教会がある。沼地だったというこの場所は、一〇九八年にわずかな人数の修道僧が小屋を建てて住み始めて以来、シトー会の本部である。

一七世紀の銅版画の一枚を見ると、礼拝堂を始め立派な建物が何棟も、美しい中庭やフランス庭園とともに広い敷地を埋めていたが、フランス革命の時、徹底的に破壊された。現在、修道僧の住む建物はわずか一棟しかなく、昔の面影は少しもない。

シトー会本部の教会は採光に工夫のある現代建築で、やはり、大変にシンプルである。私は年に数回、この教会のミサに出かけるが、近隣の町や村からやってくる熱心なカトリック教徒の人々や、観光客や、私のような部外者やらでほぼ満席である。教会の入り口の扉に、「静粛に」と書いた紙が貼り出された。うなずけることである。

シトー会の教会に限らず、パリでも名のある教会には、幼児を連れた若い夫婦が案外とミサにやってくる。ところが幼児は退屈して、泣きわめいたり、外陣の廊下を走り回って物音をたてたりすることがしょっちゅうだ。司教の話は途切れ途切れにしか聞こえなくなるし、美しい讃美歌に雑音が入り、気が散って不愉快になる。

私がとりわけ不思議に思うのは、幼児たちの両親が形だけあやすことで、ほかの人の迷惑を考えていない様子であることだ。幼児の気まぐれに不用意のまま来るのだ。教会もなすがままで、放っている。私が内心でぷりぷりと怒るのは不寛容なのだろうか。人に迷惑をかけてでも、子供たちを幼い時から教会に慣れ親しませるためなのか。あるいは自分たちにとってミサは非常に大切なものなのか。一人でも多くの人に来てもらいたいと考える教会は何の手だても施せないのか。いやいや、教会は寛容なのだ。教会で幼児の泣き声を聞くたび、私の心は千々に乱れ、何のためにミサに来たのかと思うのである。でも、このごろは、後方の出口に近い席に座り、子供がぐずり始めると、どちらかが子供とともに教会の外に出る若い夫婦を見かけるようになり、少し胸をなでおろしている。

レザムルーズの葡萄畑の高台から目に入る眺めは、クロ・ド・ヴジョの葡萄畑とシャトーといい、ヴジョ村といい、シトーの森までの穏やかな田園といい、みんなシトー会にゆかりを持つ土地であり、心惹かれる土地だ。それぞれが美しい。

高台からは、よく晴れた日であれば、空との境目にジュラ山脈が青いシルエットを見せる。冬の寒い日、空が透明に澄み渡った日には、ジュラ山脈の向こうにモンブランが見えるそうだ。黄金の丘陵にはあちこちにモンブランの見える場所があるらしく、時折、モンブランを見たという話を耳にする。

でも目が悪いから、他の人には見えても私には幻の光景だ。ふだん、そう思っているのに、正月の三日、きっぱりと晴れ上がった青空を見ると、ひょっとして見えるかもしれないなどと望みを抱いて、家を出た。空もシャンボール・ミュジニー村の葡萄畑ものびやかな広がりを見せ、どちらも大きい。ところどころ、白い煙が葡萄畑から立ち昇っている。剪定した葡萄の木の枝をかき集めて燃やしているのだ。フランス人は正月の元日は休むけれど、二日からはふつうに働き始める。

モンブランは見えなかった。でもいつものようにクロ・ド・ヴジョのシャトーまで歩き、さらに葡萄畑のクロ（石垣）に沿って歩いた。反対側にも葡萄畑があるが、こちらは白ワインができる。クロ・ブラン・ド・ヴジョで、一級に格付けされている。私の大好きな白ワインのひとつだ。

クロ・ド・ヴジョといえば何といっても特級の赤ワインが飛び抜けて有名であり、白ワインの存在はあまり知られていない。赤ワインの葡萄畑が五〇ヘクタールあるのに比べ、白ワインのほうはわずか二ヘクタールとちょっとである。白ワインの葡萄畑も、昔はシトー会が所有していた。修道僧たちはプティ・クロ・ブランと呼び、葡萄畑はヴィーニュ・ブランシュと呼んでいた。香りが高く、清らかな風味であり、淡泊だけれど深い味わいを持つ。

私はこのワインをディジョンの中央市場に近いふつうのレストランで偶然に発見した。市場での買い物がすんだ後の昼食だった。定食を注文。ワインはグラスワインを。何種類かあり、値段は一杯が七から九ユーロ。だが一つ、一九ユーロとべらぼうに高いワインがあった。目を剝いたけれど、ものは試し。これが、クロ・ブラン・ド・ヴジョだった。レストランの主人は近くで酒屋も経営していて、このワインを売っていると言うので、食事が終わるや駆けつけた。

ヴジョ村のメインストリートともいえるこの通りに一軒だけ、レストラン・バーがある。レストランは昼食だけで、夜はバーになるらしい。店の存在は十年以上も前から知っているけれど、入ったことはない。店の前を通る時、ちらっと窓の内を覗くと、カウンターがあって、ふだん着の土地の男性たちが、立ったまま思い思いの格好で飲んだりしゃべったりしている。店はだいぶ古くからありそうだ。といって、古めかしいとかひなびたという感じではなく、くたびれたようなというのでもなく、ただ古臭くて冴えない様子なのである。それにこの通りの瀟洒な家並みにどうもそぐわない。入ってみようという気はおこらなかった。

だがその日、私と夫は気まぐれで昼食をしてみることにした。カウンターの反対側にテーブルがいくつかある。ところが若い女性の給仕は、奥にある小ざっぱりとした部屋にとおしてくれた。外からはうかがえなかった部屋であり、私たちはびっくりした。驚いたことに、奥にもうひと部屋続いていて、しかもどこかの工場の食堂であるかのように広い。七、八十人が食事できそうだ。六人席、四人席、二人席と大小のテーブルがある。テーブルも椅子も簡素な木製で、椅子の座り心地がよくて、私は目を見開いた。なんだかいい予感がする。全体に清潔感が漂っている。

中庭に面して窓が三つあり、広い食堂で目に入ったのは一九五〇年代製と思われる古臭い食器戸棚と、大鏡がついた洋服ダンスと、立派なミシンであり、飾り気はまったくないけれど、変に面白い。

食事は日替り定食のみであり、前菜はビュッフェ、主菜はコート・ド・ブフ（ステーキ）またはブフ・ブルギニョン。付け合わせは麺またはポテト・フライ。チーズ。デザートはムース・オ・ショコラまたはヴァニラクリームのエクレア。カフェ。料金は締めて一三ユーロ五〇サンチーム。

パリのカフェ・レストランの昼の定食の値段とあまり変わらないけれど、チーズとデザート、あるいはカフェが別払いのところが多いから内容を考慮すると断然安い。ワインは別注文でラベルなしの瓶入りのテーブルワイン、これはカラフ入りと同じで、店が詰めるようだ。他にラベル付きのワインが白も赤も数種類置いてある。でもワインリストなどはなく、黒板にチョークで記してある。

さて、前菜のビュッフェ。大食堂の片隅にしつらえてあって、セルフサーヴィスである。金物の四角い器に一種類ずつ入ってずらりと並んでいる。人参サラダ、ベトラーブ（砂糖大根）のサラダ、ポテト・サラダのマヨネーズあえ、きゅうりのサラダ、トマトと玉ねぎのうす切りのサラダ、赤キャベツサラダ、白キャベツサラダ、ミニソーセージ、薄切りのジャンボン・ペルシェ（ブルゴーニュ名物のパセリ入りハム）、田舎風パテ、茹で卵、ニシンの油漬け、ピクルスなどだ。

サラダの種類の多さと懐かしさで、私は感激した。いずれもフランスの伝統的で家庭的なサラダであり、毎日食べたいと思うサラダだ。以前はカフェ・レストランやビストロの献立の定番に、サラダ・クリュディテという名の一皿があり、これはサラダの盛り合わせだった。値段も安くて、生野菜好きにはありがたかった。家庭ではこんなに何種類ものサラダを毎日作れない。そして、近ごろはもうサラダ・クリュディテを出す店など見つからない。材料費の問題ではなく、野菜を洗ったり切ったりする手間が面倒なことや、その手間賃がかかるからだろう。世知辛い店主が多くなっているのだ。

ビュッフェはセルフサーヴィスなので、主菜と同じ大きさの一枚の皿に好きなものを好きなだけのせることができるが、お替わりはできない。私はきゅうりとベトラーブとキャベツとじゃがいものサラダを少しずつきれいに盛り、ニシンの油漬けをサラダの横に盛った。

席に戻ろうとすると、いつのまにか大食堂は満席だった。私たちは一番乗りだったのだ。店に着いたのは十二時を過ぎたばかりだったろう。客たちは明らかに葡萄畑で働く人たちだ。一見してわかる。誰もが三センチぐらいもある厚いゴム底の靴を履き、その靴には土がこびりついていた。そして頬っぺたが真っ赤だ。若い人が多いが年齢はまちまちで、中には五十代と思しき人もちらほらといる。高笑いしたり大声で話す人は誰もおらず、黙々と食べ、話す時はひそひそ声だ。まるで修道院の食事風景だ。もっとも、シトー会では食事中、私語は許されないが。

前菜は典型的な家庭の味であり、すっかり気に入った。もっとたくさんとればよかった。私の席からはビュッフェがよく見え、客たちの皿の中身をそれとなく観察していると、全種類の料理を山のように盛りつける人がずいぶんといた。

主菜は迷うことなく選んだブフ・ブルギニョンとポテト・フライである。ブフ・ブルギニョンのソースにはとろみをつけるためマイゼナ（トウモロコシ粉。片栗粉と利用方法は同じである）が使用されていたが、ブルゴーニュのワインもたっぷり使ってあり、まさにおふくろの味でおいしかった。ポテト・フライもアツアツのカリカリを出す。

チーズはパスして、デザートはエクレアを選んだ。これは、まあまあ。そしてカフェ。

それから、特筆大書を二つ。一つは、カラフ入りのブルゴーニュ産の赤のテーブルワインがすこぶる安くておいしいこと。若いピノ・ノワール種独特の葡萄の香りが鼻を打つ。溌剌とした赤色は鮮やかで魅力的である。こういうワインはパリではまず見つからない。地元なのだからおいしいワインは当たり前と思う人がいるかも知れないが、意外にも当たり前ではない。この店のテーブルワインには、それを選択する店のご主人の心意気（少しでもおいしいものを味わってもらおう）が込められているように思う。考えすぎかもしれないけれど、シトー会の精神風土がこういう店にも漂っているように思われる。

二つ目は、迅速なサーヴィスの素晴らしさ。大部屋、小部屋、その他の客の数は八十人ぐらいだと思うけれど、給仕はたった一人の若い女性である。ジーンズにセーター、きりっと結わえたポニーテールを左右に揺らしつつ、男ばかりのテーブルの間を縫って皿を運ぶ。実に小気味よいサービスをする。カウンターで食前酒や、食後酒やカフェを飲む客を仕切るのは店のご主人で、台所で料理を仕切るのはマダムである。テーブルの配置や前菜にセルフサーヴィスのビュッフェという工夫、主菜はおふくろの味ともいえる煮込みか焼きものなどの家庭料理。チーズとデザートは他から仕入れているようだ。値段と内容とサーヴィスの点からいえば本当に素晴らしい。実質的な定食だ。

久しぶりに素敵な昼の定食に出会い、私たちは気分を良くした。以来、散歩の後、時々、昼食に出かけるのを楽しみにしている。

ポンペイのワイングラス

「ポンペイのお金持ちは、二千年も前、これほどに豪華なグラスでワインを飲んでいたのか」と、目を奪われたのはいつだったか。ふた昔も前のことかもしれない。

それは銀製のグラスで、器の全体の装飾にオリーブの葉と実の浮き彫りがあった。その浮き彫りのなんと生き生きとしていたこと！　採ったばかりのオリーブの枝をとりつけたかのようであり、葉は盛りあがり、実はひと粒ひと粒が立体的で器の壁から飛び出していた。私は器の豪華さに見惚れ、浮き彫りの精巧な技術にため息をついた。

ポンペイは南イタリアのヴェスヴィオ火山の大爆発ですっかり地下に埋もれてしまった。とはいえ、畑を耕している最中、素敵な品を見つける人がたびたびいたようだ。ついに一八世紀から発掘が始まり、華麗な町の全貌が明らかになったのは二〇世紀に入ってからのことである。

ある年の秋、万世節（一一月一日）の休暇の直前になって、ナポリに行こうと思い立った。ところが、これはと思うホテルはどこも満室で、片端から断られた。さすがに観光の町である。

ナポリ湾の地図を見ながら電話をかけていた夫と私は、ナポリの対岸にあるソレントに目を移した。ソレントの海辺にあるトラモンターノ・ホテルに電話すると、「はい。空室がございます」という返事。ただ、ナポリ空港から、さらに車で一時間かかる。でもホテルから迎えの車が出ると聞いて、私たちは飛びついて予約したのだった。

ナポリからソレントまでのドライブはナポリ湾に沿って走る。いくつもの町やトンネルを通り抜け、ナポリ湾の美しい景色をあちこちで目にし、快適そのもの。途中、思いがけずポンペイの遺跡のすぐ脇を通った。「まあ、こんなところに！」と声をあげると、車の運転手が「ソレントからも電車で簡単に行けますよ。三十分もかかりません」と教えてくれた。しかも、遺跡の入り口まで電車を降りてから徒歩で五分ぐらいである。

ソレントは海と山に挟まれた古い町である。山の斜面はオリーブ畑やレモンなどの果樹園で埋まり、観光で知られているのに、町中、南イタリアの人々の暮らしの匂いがぷんぷん漂っている。そこが魅力的だ。たとえば、土曜日、横丁にある小さな教会にふらりと入ってみると、祭壇をはじめ、祭壇に向かって並ぶ長椅子の一つ一つにも白い花が豊かに飾られ、うっとりさせられる。と、海辺で記念写真を撮る純白のドレスの花嫁と蝶ネクタイにタキシードの花婿に出会ったりして、教会で結婚式があったことを知る。私は花婿のりりしさに感嘆のため息をつく。

なにしろソレントは暑い。夏は朝から気温が三六度ぐらいあるのに、教会には冷房設備などないのだから。ヴァカンスでソレントに行くたび、教会で結婚式に出会うが、花嫁も花婿も伝統的な正装である。

古びた教会はたくさんあるけれど、ナポリのように見るべき歴史的な記念物や建物のようなものはあまりない。だが、海辺からはヴェスヴィオ山を背景に青く照り輝くナポリ湾が見える。結婚式の記念写真はこの景色を背景にして撮るのである。

宵闇が迫るとワイン色に染まるナポリ湾もまた、心惹かれる素晴らしさだ。

ソレントは偶然に行った場所だがすっかり気に入って、以来、夏のヴァカンスによく出かける。ここでは暮らすように休暇を過ごすことができ、自分の町のようになじんでいる。それに、この町では地元のソレントやポンペイで作られている安価なワインはもちろん、イタリア中のワインがふんだんに見つかって気軽に飲める楽しさがある。古代ローマの時代から存在する町だけあって、フランスよりもずっと古いワイン文化が根づいているようにみえる。

そもそも、紀元前五〇年ごろフランスがカエサルに征服された当時、フランス人はワイン作りを知らなかった。ワインは海を渡ってくる高価な舶来の飲み物であり、ギリシャやイタリアの商人たちから、法外な値段でアンフォラ入りのワインを買っていた。アンフォラの一壺を手に入れるのに、奴隷一人と交換することもあるほどに、フランス人はワイン好きだった。

古代ギリシャでもフランス人のワイン好きはよく知られ、「フランス人はワインを生で飲む野蛮人だ」と評されていた。ギリシャ人はワインを水で割って（ふつうは半々）、広口の大杯にいれて薄口のワインをまわし飲みしていたのである。ギリシャ人には野蛮人呼ばわりされたけれど、ワインを水で割って飲むなんてフランス人には我慢できなかった。

ということは、フランス人の舌が肥えていた証であり、味覚の豊かさは、もうその頃から抜きん出ていたに違いないと、私はフランス人の肩を持つ。フランスのワイン作りは、ギリシャやイタリアなどよりずっと遅れて始まったけれど、現在では世界一という評判のワインをどこの国よりも多く生んでいる。これはたんに土壌や気候だけが理由ではあるまい。

フランスがカエサルに征服されると、イタリア人（古代ローマ人）の町があちこちに作られ、イタリア人の兵隊や役人や高級管理職や商人やその他の専門職人が続々と移住してきた。フランスの歴史でガロ・ロマン時代といわれる時期である。すぐに、イタリアから運ばれるワインだけでは賄いきれず、フランスの各地で葡萄が栽培され、ワイン作りが始まった。フランス人がワイン作りを覚えたのはこの頃なのである。

話がつい飛んでしまった。

ソレントに着いて二日目、ポンペイの遺跡を訪れた。神殿の柱や、フォーロムの石畳、家々の崩れかけた壁、大邸宅の壁を飾るフレスコ画、ギリシャ風の円柱、大広間の床に敷きつめられた精緻な幾何学模様のモザイク、贅沢な作りの中庭、噴水、石畳の道路や歩道、間隔をおいて作られた道端の美しい泉、円形劇場など……遺構の立派さに呆然とした。

ポンペイは当時すでに爛熟した文化を持ち、一万五千から二万もの人々が住んでいたと言われる。自動車や新幹線や電気やパソコンなどがなかったことを除けば、現代の私たちの文化よりずっと洗練されていたように思われてならない。

白い雲が流れる清々しい青空の下、遺跡の向こうに、ヴェスヴィオ山のすました青いシルエットが見える。なにも知らなげだ。

大邸宅の多さと豪奢なことに目を瞠らされたが、印象的だったのはカウンターだけの簡素なワインバーがあちこちにあることだった。庶民はここで地元産のワインを気軽に引っかけたのだろう。

ヴェスヴィオ山の斜面の土壌は肥沃で作物がよく育ち、葡萄もよく実り、おいしいワインができた。ワインはポンペイに富をもたらす主要な産業のひとつであり、ポンペイのワインは古代ローマの時代、人気が高かったそうだ。ローマ人に「カンパニア」と呼ばれ親しまれた別荘地帯でもあったナポリ湾岸地方ではどこでもワインを作っていたが、中でもポンペイのワインが人気を集めたのは、きっとおいしかったからだろう。品質が安定していてコクがあって飲み口のよいワインだったようだ。古代ローマきっての博物学者のプリニウスは、ナポリ湾岸地方のファレルノのワインをイタリア一として格付けしていた。

ヴェスヴィオ山麓では現在も盛んに葡萄が栽培されていてワインを作っている。その名は「キリストの涙」。イタリア語で「ラクリマ・クリスティ」と呼ばれ、赤と白がある。飲みやすくて、値段が手ごろだ。私が好きなイタリアワインの一つで、ソレントやナポリに行くと昼食などに気軽に飲むワインである。

ところで、冒頭に述べた豪華な銀杯を見たのは、ナポリの国立考古学博物館の暗い一室であった。

ポンペイの遺跡で発掘された貴重な美術品の数々、重要なモザイクやフレスコ画などはナポリの国立考古学博物館に保管されていると聞き、翌日、私たちはナポリまで足を延ばした。ソレントからナポリまで海上を走る快速船が定期的にあり、三十分で着いてしまう。この博物館は建物こそ立派だが、古めかしくて、展示室の照明や展示方法がずいぶんと昔のままであり、いかにも時代遅れで残念だ。銀製の杯などよく磨いて展示すれば、美しく輝くのに。

銀製の杯があった部屋は食器や台所用品の宝庫だった。銀製、青銅製、陶器、土器、そしてガラス製など。どれもが立派で驚くほど美しい。とても二千年前に作られたものとは思えない。今、パリや東京のデパートなどの食器売り場に陳列されたら、すぐに売り切れてしまうだろう。現代人が好みそうなすっきりとしたデザインであり、形がシンプルで均整がとれていて使いやすそうだ。現代の多くの品のように妙な飾りや妙にひねったところがない。ふだん使いの実用品からポンペイに暮らした人々の美意識の高さがピシッと伝わってくる。

実は展示品は、銀器よりガラス器のほうがずっと多かった。実際に、食器類の出土品のうちガラス製品が群を抜いて多かったらしい。ゴブレと呼ばれているワインを飲むための素敵なコップや碗、脚付きのグラス、角杯の形のワインを飲むための器、ワインを注ぐオイノコエ、水差し、ソース入れ、浅皿、深皿、大鉢、小鉢、瓶、壺、香水瓶など、多種多様で多彩。見るのがほんとうに楽しかった。

二千年も前にガラス器を暮らしの中に取り入れて楽しんでいたポンペイの人々は素晴らしい。このことは、別室に展示されている数々のフレスコ壁画を見てもよくわかる。酒神バッカスをはじめ、饗宴の描写もたくさん見られる。宴会の様子も見て取れるが、テーブルにはチューリップに似た形の透明なガラス製のグラスやワイン差しのオイノコエが置いてあるし、ガラス製で角の形をした杯で飲んでいる人がいたりする。ガラス製のグラスは生活の中に溶けこんでいたのだ。

古代ギリシャでは角杯に金箔を貼ったり、黄金の立派な装飾台をつけて安定させた。リィトンという。パリのプティ・パレ美術館にこのリィトンのコレクションがある。また、古代ギリシャの高貴な身分の人たちは黄金杯を使ったようだ。

時代が進んで、紀元一世紀の時代、ポンペイではガラス器が広く使われていた。他の素材よりも軽やかで、透明で、優美であり、食卓をエレガントに見せた。それに唇につけた時の感触のよさ、手入れが簡単なこと（たとえば銀器はしょっちゅう磨いていないと黒ずんでくる）、匂いがつかないこと、角杯に見るように個性的な形のものが豊富に出回っていたこと、青や緑などデリケートな色使いものがあることなど、長所が多かった。初めてシリア辺りからガラス製品がもたらされた頃は高価だったろうが、地元で大量に作られるようになると、それほどでもなかったらしい。割れるのが玉にきずだが、それはそれでファンタジーであり、人を魅了したという。

実のところ、紀元一世紀、ガラス製品はポンペイに限らずイタリアで爆発的に流行り、イタリア中で生産されていたそうだ。

博物館に陳列されたポンペイの発掘品やフレスコからは、人々の容貌、髪型、衣装、装身具、家具、楽器、室内装飾などの具体的な形や色や趣味など、暮らしの全容を知ることができる。フレスコは古びて傷ついてはいても、人々の表情が生き生きとしていること、洗練されていることが見て取れ、暮らし向きが豊かであったことに驚かされる。

そうそう、古代のイタリアのワイン商人はポンペイやその周辺でできるワインをアンフォラに詰めて、せっせとフランスに売っていた。その頃すでに、プリニウスがナポリ湾沿岸地方のファレルノでできるワインをイタリア一として格付けしていたことは先に書いた。それでフランスではガロ・ローマ時代でも中世でも、ワインがおいしいとファレルノのワインのようだと形容されていた。

それにしても、ワイン作りを知らなかった時代のフランス人が親しんだワインの一つがポンペイのワインだと知っただけで、ポンペイの遺跡のワインバーがぐんと身近に感じられた。

でも、ワインバーのグラスもガラス製だったのかしら。

忘れられないワイン

この章で取り上げるのは、本編に書ききれなかったワインの数々です。

シャトー・ラフィット・ロチルド 1989

その手吹きガラスの瓶には1787の数字と、「Lafitte（現在はLafite）」と、「Th.J.」の文字が刻印されていた。刻印はまるで手書きのように生き生きしている。一七八七年産のワインが入ったシャトー・ラフィットの瓶である。

この瓶は、一九八五年の一二月、ロンドンのクリスティーズで競売にかけられた。一八世紀産の赤ワインであり、「Th.J.」の文字は、アメリカの独立宣言を起草した三代目の大統領トーマス・ジェファーソンの頭文字といわれ、中身のワインがまるまる残っているという。私は、競売にかけられたこの瓶の写真を見た。それはアメリカかイギリスのワイン雑誌に載ったものだった。ジェファーソンは大変なワイン好きで、ワイン収集のせいで、晩年にはその借金で苦労したものらしい。

中身が二百年前に作られたワインというだけでも、魅惑的だった。それに時代のついた瓶が何とも美しい。ラフィットの名を頭に深く刻んだのはこの時である。

ラフィットについて知っていることといったら、ボルドーの有名な高級ワインであるということだけだった。飲んだことはもちろん、ラベルを見たことさえなかった。どれほどに極上のワインか、産地のボルドーや世界のワイン通の間での評価や名声、憧憬、そして由緒ある歴史、そういったことを何も知らないうちに、その名を覚えたワインである。ヒュー・ジョンソンの『わいん――世界の銘酒とその風土』（日高達太郎訳、みんと／三越）を読んでいた頃だった。

名の知れた酒屋のワイン棚でラベルに見惚れることはあっても、私はいまだに自分でラフィットを買って飲んだことがない。買いたくても手が届かない。でも、運がよいことに友人や知人の夕食会で何回か振る舞われたことがある。評判どおり、洗練された繊細な風味であり、私はいつも丁寧に味わった。どこの家でもとっておきの一本であり、飲めるのはだいたいグラスに一杯半ぐらいの量だった。たまに、大事にとっておきすぎたか、保存の状態がよくなかったかして、物足りない風味のこともあった。腰が抜けていたりもした。

友人のAさんは大貴族の家柄で、夕食会はいつも十二人ぐらいが招かれ賑やかである。彼女自身はあまり飲まないし、飲めない様子なのに、埃をかぶった古いワイン、それも有名な銘柄を何本も用意する。私はAさんの夕食会でラフィットやペトリュスやマルゴーを飲んだ。きまって「パパの酒蔵のものよ。飲めるかしら」と、彼女は鷹揚に言った。父親は、彼女が若い頃に亡くなった。飲めないなんてことはないものの、劣化しているワインが多く、それらはかろうじて「腐っても鯛」の体面を保っているといった風だった。ラフィットもそんな一本だった。とはいえ、貴重で楽しい経験であった。

今までに、一度だけだが、心ゆくまでラフィットを飲む幸運に巡り合ったことがある。アペリティフのシャンパーニュをのぞくと、前菜、主菜、チーズ、そしてデザートまでラフィットを飲んだのである。それも、たっぷり。グラスに切れめなく、惜しげなく注がれた。しかも一九八九年という大変な当たり年。色調も、香りも、口当たりの柔らかさも、軽やかでいて深い味わいも、非の打ちどころがない。時折、私はそっと目をつむって桃源郷に思いを馳せた。

それは、二〇〇九年の秋、フランスのラジオ界とテレビ界で一世を風靡したジャック・サンセル氏の夕食会でのことだった。上質で大型のテレビ番組を企画し、自ら司会した。クールで温かくて軽妙で、サンセル氏の洒脱な魅力は大きかった。その夜は自宅のアパルトマンでの夕食会であり、会食者は八人ほど。サンセル氏はラフィットを一ケース（十二本）用意していた。繊細さの極致と評されるラフィットを豪快に飲んだ快さとともに、打ちとけたいい雰囲気が忘れ難い。これほどのワインを飲めば、人間が持つ大小の角は溶けて消え失せてしまうものらしい。サンセル氏は数年前に他界された。

ちなみに、冒頭に書いた一七八七年産のラフィットを、クリスティーズの競売会で競り落としたのは、アメリカの経済誌「フォーブス」発行人マルコム・フォーブスの子息のキップ・フォーブス氏で、落札価格は十万五千ポンド。驚異的な新記録だった。あるアメリカのジャーナリストの計算では、グラス一杯で一万九千五百ドル、ひと口で四千ドルと言われた。この瓶はアメリカのワイン愛好家の間で「ジェファーソン・ボトル」と呼ばれている。

だがジェファーソン・ボトルはこの一本だけでなく、その後、ムートンやマルゴーやイケムなども登場した。ジェファーソン・ボトルの供給元は毎度、古い稀少ワインの収集家としてヨーロッパやアメリカで名を馳せているローデンストックというドイツ人だが、彼は頑としてジェファーソン・ボトルの出所を明かさなかった。一九八五年、パリのマレ地区で古い建物を解体中に発見されたワインという話を繰り返すばかり。フランス革命が始まったのは一七八九年だから、彼が最初に売りに出した一七八七年産のラフィットはフランス革命直前のミレジムである。革命の空気を察した所有者が、とっさの知恵で壁の中に隠したのだろうという話であった。

ラフィットはルイ一五世の食卓で飲まれた。ルイ一四世は好んで大宴会を催したが、ルイ一五世は儀式ばった宴会を嫌い、ヴェルサイユ宮殿の中にこぢんまりとしたアパルトマンを作り、食堂の一室をしつらえた。この食堂では狩猟仲間や気に入りの親しい貴族たちとくつろいで夕食を共にした（このアパルトマンは一般公開されている）。

こんな時、寵妃のマダム・ポンパドールは念入りに料理とワインを選び、ラフィットが振る舞われたのである。

ラフィットという珠玉の赤ワイン、それも二百年前の赤ワイン。これだけでも大変な価値があるのに、さらに、フランス革命、アメリカの独立、独立宣言の起草者トーマス・ジェファーソンの頭文字、手吹きガラス、手書き風のラフィットという文字の刻印など、ジェファーソン・ボトルには歴史の匂いを感じさせる箔が付いている。

はたして飲めるかどうか。それはわからない。

しかしアメリカのワイン収集家たちの虚栄心をくすぐった。大収集家の輝かしい勲章となり、ステイタス・シンボルとなったようだ。購入した収集家は誰も栓を抜かず、自慢のひと瓶として大事に保存していた。

二〇〇五年の秋。ボストン美術館は実業家ビル・コーク氏の多彩なコレクションの展示会を開催した。コレクションの中のワインは、アメリカで最大かつ最高と評されている。そのハイライトはラフィットおよびムートンの四本のジェファーソン・ボトルと、ラトゥールその他の一八世紀産のボトル三本であった。いずれも中身がしっかりと入っている。

ジェファーソン・ボトルの一本が、著名な芸術家の絵画や彫刻や古代のコインなどとともに展示される予定であった。一般のワイン愛好家がジェファーソン・ボトルを目の当たりにする機会が、初めて到来するわけだ。展示に先立って、美術館では展示案内ともいうべき本を刊行するために展示品の来歴を求めた。だが、ビル・コーク氏の手元にはジェファーソン・ボトルの来歴はなかった。

ビル・コーク氏の広報担当者はヴァージニア州シャーロッツヴィルのモンティセロにあるジェファーソン記念財団に連絡を取った。ここはジェファーソンの住居だった場所だ。

財団の歴史研究員のミセス・スーザン・スティンは、一九八五年の競売の時点ですでに、ジェファーソン・ボトルの存在には懐疑的で、否定的だった。

ジェファーソンは大変に几帳面で、記録マニアともいえるくらいなんでもメモをとっていた。たとえば、二四歳から毎日の支出と収入、あらゆる手紙と返信のコピー、ワインの注文および受け取りなど。これらは莫大な量らしいが、この中にジェファーソン・ボトルに関する記述はまったくないという。それに、ジェファーソンが頭文字を使う時は「T. J.」だった。これが懐疑的である所以だった。が、供給元のローデンストックや、古い稀少ワインの世界的な鑑定家でありクリスティーズのワイン部門の主任である英国人のブロードベントは、人間だから記録をつけ忘れることだってあるのではないかと主張した。

実のところ正確な来歴などありはしなかった。ジェファーソンが所有していたワインだというのは瓶に「Th.J.」という刻印があったからであり、二百年前のワインだというのはブロードベントがそう確信したからであり、ワイン愛好者はブロードベントを信頼したのである。ブロードベントはローデンストックに、供給元を明らかにするよう再三、懇願した。だが、ローデンストックは守秘義務を楯にとって頑として受け付けなかった。

ビル・コーク氏はジェファーソン・ボトルの真贋を調査する決心をした。調査費は四本のジェファーソン・ボトルの価格を軽く上回ったようだ。FBIの元調査官をチーフに数人の調査員からなるチームを編成し、フランスやイギリスやドイツやスイス、香港にまで足を延ばして、ローデンストックの身元を洗い、偽ワイン作りの場所を突き止めた。

とはいえ、高度の技術を備えた年代測定器でワインそのものの年代を調査したのに、決め手を得るまでには至らなかった。それまで瓶の中身のワインが本当に二百年前のものであるかどうか、そこばかりにこだわっていた。が、ふと調査員のチーフは「Lafitte」や「Th.J.」の刻印に目を留めた。調査すると、ペダルで操作する一八世紀の銅製の刻印機の円盤によって彫るのは不可能なことを知るに至った。なんと、この刻印には現代の歯科用の電動ドリルが使用されたことが判明したのである。

二〇〇八年の秋。パリのアメリカ大使館での夕食会の折、食卓の隣人から、「ジェファーソン・ボトルが偽物であったこと、ラフィットとジェファーソンの頭文字の刻印が現代の歯科用ドリルで彫られた」というこの話を聞き、私はひたすら驚いた。二十年以上も前に写真で見ただけだが、ファンタスティックに感じた記憶は鮮明にある。あの瓶には私もずいぶん惹かれたものだ。隣人は大使のステイプルトン氏の友人のコーク氏であった。大変なワイン好きであるらしい。それに、まるで調査員の一人であったかのように微に入り細を穿つ話しぶりであった。

翌年、帰国した折、書店で『世界一高いワイン「ジェファーソン・ボトル」の酔えない事情——真贋をめぐる大騒動』（ベンジャミン・ウォレス著、佐藤桂訳、早川書房）をたまたま見つけ、私はちゅうちょせずに買った。ジェファーソン・ボトルの真贋の調査活動を始め、アメリカの上流社会のワインのコレクション熱、ボルドーワイン好み、豪華な利き酒の会など、アメリカのワイン界の様子がうかがえて、すこぶる面白い。

パリのアメリカ大使館の夕食会で、刻印を彫るのに歯科用の電動ドリルを使った話をしてくれたのは、私のメモにはただコーク氏と書いてある。だが、コーク氏とはビル・コーク氏その人であった。

パヴィヨン・ルージュ 1989

二〇〇四年、秋のこと。

セーヌ川は左岸に面した古い建物の中にアパルトマンを持つ、フランス人のある実業家が主催した夕食会に招待された面々は三〇人ほど。主賓はヨルダンの王弟夫妻だ。ここではアペリティフ用のワインに赤ワインがでてきてびっくり。大変に珍しい。銘柄はわからないけれど「すごくおいしい」と思いつつ飲んでいた。そのうち、パヴィヨン・ルージュの一九八九年であることが伝わってきた。「おいしいのはさもありなん」。嬉しくて私は内心でにんまり。大好きなワインである。パヴィヨン・ルージュはシャトー・マルゴーのセカンドワインだが、上等のワインであり、セカンドワインの中のピカ一だ。深紅。ワインの年齢は一五歳。口に含むや、まろやかな舌触りが心地よく、ふくよかな風味が口中にぱあっと広がった。

シャトー・マルゴーには手が届かないけれど、パヴィヨン・ルージュは「えい！」と決心すれば買える。ところが、この頃は身近に姿を見かけることがなくなってしまった。

この日は、食卓についてからも、前菜からデザートまでずっとワインはパヴィヨン・ルージュ。主菜の鴨のオレンジ煮が、見事なおいしさであった。

シャトー・ラトゥール 1989 マグナム

親しい友人のビュラヴゥォワ夫妻の家では、いつもボルドー産のワインと素敵な料理をご馳走になり、ほろ酔い機嫌の千鳥足で家路に着く。ビュラヴゥォワ家で飲むワインはすべておいしいのだけれど、今までのうちの特筆大書すべきはマグナム（大瓶）のシャトー・ラトゥールの一九八九年産。熟したサクランボ色、二十年も経っているとは思えないほどの若々しさ。ラトゥールの名声にふさわしい骨格の力強さと、味わいと香りの深さを持っていた。飲んだのは二〇〇五年の秋。

二〇一七年の四月、フランスの大型客船ポナン号で海からジロンド河口をさかのぼり、途中、はしけ船でシャトー・ラトゥールの葡萄畑に続く小さなプライベートの波止場で降りて、馬車で醸造所まで行き、醸造所の見学と利き酒を楽しんだ。

この日は太陽が照り輝き、葡萄畑は静かにエメラルド色に光っていた。ラトゥールのシンボルである小さな塔を眺めつつ、ビュラヴゥォワ家で飲んだマグナムの一九八九年産の風味を想わずにはいられなかった。あのひと瓶は比類のない完璧さであった。めったに出会うことはあるまい。

そして、四十年近くも前に、初めてポイヤックの村をタクシーで通過した時のことを私は唐突に思い出した。タクシーの運転手はロマネ・コンティの名を知らなかった。彼は「ポイヤックのワインが世界一さ」といった。「お国自慢丸出しですね」と言って、私は笑った。今であれば、「そうですね」とうなずいたものを。目くそ鼻くそを笑うもいいところ。私は無知丸出しだった。

ポイヤック村には世界中のワイン愛好家が憧れるボルドーの五大ワインのうち、ラトゥール、ラフィット、ムートンと三つもの葡萄畑がある。他にも、シャトー・ピション・ロングヴィル・バロン、シャトー・ピション・ロングヴィル・コンテス・ド・ラランド、シャトー・ポンテ・キャネ、シャトー・ランシュ・バージュ、シャトー・オー・バタイエと、おいしいワインの名前を挙げだすときりがない。

シャトー・オーゾンヌ

飲んだ瓶のミレジムも、いつ飲んだかも覚えていない。だが、飲んだ場所がリヨンの三つ星のレストラン「アラン・シャペル」であったことは鮮明に覚えている。料理がとびきりおいしかったからであり、店はそのころときめいていた。アラン・シャペルはロブションが尊敬していた料理人の一人である。食事をしたのは、たぶん一九七〇年代の終わりごろであり、そこから推して一九七六年産くらいかなと思う。でも正直なところ、ミレジムその他はどうでもよい。私が忘れられないのは、味わいの深さであり、ワインを味わうということに目を開かされたワインということである。ボルドーはサンテミリオン地区の極上ワイン中の最高峰であり、ガロ・ロマン時代から名声を馳せている。

シャトー・ピション・ロングヴィル・コンテス・ド・ラランド 1989

大好きな赤ワインの一つ。この長い長い名前の赤ワインはコンテス（伯爵夫人）らしい優美な風味を持つ。たったの二歳のワインを、七面鳥のキャベツ巻きの蒸し煮とともに飲んだ。鮮やかな赤色と潑剌とした風味が素敵だったけれど、ほんとうはもっと寝かせておきたいワインだった。

赤のクロ・デ・ムーシュ 1989

ボーヌの酒商ジョセフ・ドルーアン社のワインを、ずっと信頼している。どのワインもおいしいが、とりわけ好きなのはボーヌの丘陵の中腹にあるドルーアン社自慢の畑でとれるクロ・デ・ムーシュの赤と白である。ボーヌの赤ワインは香りが華やかで、口当たりがやわらかくて、風味が優しい。クロ・デ・ムーシュもそんなワインの一つであり、私は目がない。白のほうはこの上なく繊細な風味で、やはり目がない。とはいえ、たいした値段だし、近所の酒屋で手に入るようなワインではない。

このクロ・デ・ムーシュの赤の一九八九年は、ボーヌの町の酒屋で見つけて手に入れたのだった。当たり年だというので、飲むのを我慢してカーヴで大事に寝かせておいた。

二〇一二年頃、夫の学生時代の親友が息子さんとともに上京し、夕飯前にひょっこりやってきた。

前触れなしの訪問など、パリでは十年に一回あるかないか。こういう時に限って冷蔵庫の中身は貧しくて、おおいに慌てた。息子さんは夫が名付け親であり、三〇歳だという。夫は赤ちゃんの頃にしか会っていない。せめておいしいワインをと思いつつカーヴに下りた。息子さんは一九八二年生まれで、料理人になっていた。

そこで思い出したのが、とっておきの赤のクロ・デ・ムーシュである。

胸をドキドキさせながら、夫が栓を抜くのを見守った。果たして……。香りは弱々しく広がりがない。ローブ（色合い）はといえば、薄い茶褐色。ひとくち含むや、腰が抜けているのがわかり、夫も私もがっくり。どうやら寝かせすぎたようだ。友人も息子さんもがっかりした様子を隠せない。正直だ。別のワインを飲もうと夫が提案すると、友人は全部飲み干したいと言う。瓶の中身がどのように変化していくか、興味があると言う。それで最後の一滴まで飲み干した。腰は抜けていたけれど、ピノ・ノワールの魂はまだまだ生きていて、最後のグラスの底の風味はなかなかよかった。あれほどにワインの風味をいたわりつつ飲んだことは珍しい。

このあと、飲みごろについて、より真面目に考えるようになったのはいうまでもない。ニュイの丘陵の骨太の力強いワインと違って、ボーヌの丘陵のいいワインはどれも繊細さが身上だから、あまり寝かせすぎないよう気をつけるべきかもしれない。

ごく最近では、白のクロ・デ・ムーシュ二〇〇六年を飲んだけれど、身体中に染みわたるようなおいしさだった。

ロマネ・コンティ 1962

このロマネ・コンティは、大変な分不相応と知りつつ娘の誕生を祝って特別に手に入れたものだった。だが、先代の醸造長のノブレ氏のご厚意があってこそのことだった。娘が生まれたのは一九八二年の三月であり、このひと瓶はすでに二〇年たっていて、充分に飲みごろであった。日本であればお宮参りに出かける日、ロマネ・コンティの栓を抜いた。夫はグラスに指を浸し、指先で娘の唇を湿らせた。まさか、このことが裏目に出たのではあるまいが、娘は赤ワインをあまり飲まず、白ワイン党である。その後、夫と私は、なにも食べずに、おいしいおいしいと言いつつ、嚙みしめるように味わった。

これを知った（どうも夫の口が滑ったものらしい）友人たちは「なぜ呼んでくれなかったのだ」と、文句を言った。だが、誰も招かず二人だけで飲んだのは幸いした。誰かを呼んでいれば、「どうして彼が呼ばれて私は呼ばれなかったのか」という文句が、あちこちから出るに決まっているのだから。

ロマネ・コンティ 1999

二〇〇九年の秋。コモ湖畔にあるホテル・ヴィラ・デステで催されたワイン・ダヴォスでの利き酒講習会で飲んだもの。一九九〇年代のロマネ・コンティ社の七種類のグラン・クリュ（エシェゾー、グラン・エシェゾー、ロマネ・サン・ヴィヴァン、リシュブール、ラ・ターシュ、ロマネ・コンティ、モンラッシェ）の利き酒とあって、会費の高さには目をつむって参加した。ラ・ターシュが一番だという声をいくつか聞いたけど、私は断然ロマネ・コンティが好き。鮮やかな深紅のローブ、初めに気品のある花の香りが鼻を打つ。果物（この日は桃）とスパイスが入り混じった繊細な調和が冴えていて、たとえようもなく心地よい風味。いつもと変わらぬ優美な貴婦人のイメージだ。

三日間、ヴィラ・デステを借り切ってのこのワイン・ダヴォスでは、各種の利き酒講習会、ワイン関係の講演、コンサート、豪華な晩餐会が開かれる。著名な醸造家、ワイン評論家、ジャーナリスト、ワイン愛好家が世界中から集まり、まさに寝食を共にしてワインを楽しむ。

クロ・ド・ヴジョ 2015

二〇一五年は、ブルゴーニュは例外的な当たり年と大評判である。大手のスーパーマーケットなどに出回っているそこそこのワインは二〇一七年の初夏から手に入るようになった。片端から買って試飲しているけれど、どれもおいしい。

私は早々と二〇一七年の正月に、知り合いの醸造家に買いたいと連絡した。すると、まだ瓶詰めさえしていないのだから、春にもう一度連絡をという話だった。五月頃、連絡を入れてみると、

「もう全部予約済みです」とか「もう売り切れました」という話。「でも少量でしたら都合がつきますよ」と言ってくれたのは古くからの馴染みの醸造家たちであった。彼らは堅実な腕前を持ってはいるけれど、いずれも有名な醸造家ではない。彼らの酒蔵や事務所にかかってくる電話に、「もう売り切れました」と答えるのを、私は目の前で何回も聞いた。どうやら二〇一五年は飛ぶような売れ行きらしい。私が二〇一五年を買いたいのは、例外的な当たり年ということもあるけれど、初孫の生まれ年であり、孫が成人祝いの折に飲めるようにという、少しファンタスティックな思いからである。だって、私はそのころ、もう生きてはいないのだから。

前置きが長くなってしまった。二〇一五年産に対する私の信頼は、二〇一五年の葡萄摘みの一カ月後にはすでに始まっていたのである。

それはヴォーヌ・ロマネ村の名門であるメオ・カミュゼ家のクロ・ド・ヴジョの利き酒のおかげといってよい。メオ・カミュゼ家のワインは、利き酒会をはじめ今までに何回か飲んでいるけれど、いずれも折り目正しいという印象であり、お澄ましでもあり、引っかかるところがなかった。

ところが、二〇一五年の第三週目の土曜日、シャトー・クロ・ド・ヴジョの利き酒の騎士の会に出席した折、シャトーの宴会が始まる直前に、メオ家の利き酒に招かれた。夕食前のアペリティフタイムである。行ってみると、何とメオ家醸造のクロ・ド・ヴジョの垂直利き酒であり、驚いた。一九八五年産、一九九五年産、二〇〇五年産、そして二〇一五年産は葡萄摘みから一カ月たったかどうかのワインだった。五の付く年、つまり大当たり年のワインばかりなのだ。「いずれが菖蒲か杜若」であり、どの年産が一番かは出席者それぞれの舌や好みによって異なるだろう。五〇ヘクタールもあり、八〇人以上もの醸造家に細分化されている畑の中で、メオ家のクロ・ド・ヴジョの畑はシャトーの周りを囲む最良の場所にある。すべてがおいしかったが私の印象に残ったのは一九八五年産。端正な風味にまろやかさが加わっていた。そして二〇一五年産に、度肝を抜かれたのだった。まるで醍醐の葡萄ジュースであるかのように、素晴らしくおいしくて心地よかったのである。発酵が終わったばかり。ジュースから別の飲み物に変身を始めるスタートにある。もうジュースではないし、まだワインでもない醍醐の飲み物なのだ。

この利き酒は快く、貴重な経験であった。

シャトー・マルゴー 1999

シャトー・マルゴー訪問は、昔から、ふわあっと夢のように思っていた。それが二〇一二年の六月に実現した。一本のマルゴーを飲む機会があれば、もうそれだけで夢心地だったのに。

左右の並木道の奥に見える白亜のシャトーは優美そのもの。正面の真ん中に四本のギリシャ風イオニア式の立派な柱が見え、それが威風堂々とした趣を添えている。

シャトーの佇まいは、ボルドーに無数にあるフランス風シャトーの群れと一線を画しているけれど、それはそのまま、ワインにもいえることかもしれない。

鉄製の正門が開かれ、並木道の白い砂利を踏みしめながら、シャトーの右手にある酒蔵に入った。この酒蔵は地上一階にあり、一年目のワインが樽に詰められて貯蔵され、その樽が整列している。酒蔵の中は暗くて、左右のイオニア式の一八の白い柱の列がパッと目に入った。なんとも美しい。

地下には二年目のワインが貯蔵されている。実をいうと、メドックには、ジロンド川の水位のせいで、地下にカーヴがあるシャトーはほかにない。マルゴーは巨額の費用を投じて地下にカーヴを作り、ほかのシャトーの羨望の的になっているらしい。

地上の酒蔵の真ん中の通路に円卓がいくつかしつらえてあった。私たちは総勢四十人ほど。フランス・ワイン・アカデミーの面々とその同伴者たちである。どの食卓にも真っ白なクロスがかかり、真ん中に背の高いシャンデリア風の銀製の燭台が置かれ、ろうそくがいくつも灯(とも)っていた。そして燭台の周りは大輪の白い牡丹で囲まれていた。

利き酒。

まずは二〇一一年。当たり年。一年足らずのワインだ。総ディレクターのポール・ポンタリエ氏は何回も口の中で噛みしめて飲み込み、にっこりした。グラスを鼻の前に。何ともいえず繊細な匂い。香りのよい花束を抱えた美少女が軽やかに目の前を通り過ぎていくようだった。

次は二〇〇九年。近年にない当たり年。二年間の樽熟成を終えて、一年前に瓶詰めしたもの。すでに洗練された素晴らしい花の香り。「口あたりが絹のように優しい」そう言うと、「この優しさはマルゴーだけのものです」と、ポンタリエ氏。芳醇でふくよかなコクがあり、風味が口の中に長く残った。「もう、すでに大変においしいが、食卓で飲むのは五年から七年後がよいでしょう」と、ポンタリエ氏は言った。

食事が始まった。前菜はすずきの蒸し煮にナンチュアソース（エシャロットを白ワインで煮詰めてバターを溶かした、フランスの伝統的な魚のためのソース）。緑の鮮やかなさやえんどう、ブロッコリー、アスパラガス、そして人参などのバター炒め添え。

ワインはマルゴーの白のパヴィヨン・ブラン。二〇一〇年。なんという香り。グラスから花の精気が立ち昇ってくるようだ。そしてすっきりした気品のある風味。快い。うっとりして味わった。同じテーブルにいたミッシェル・ベタンヌ氏が「白い牡丹の花の匂いだよ」と言った。

私はあらためて燭台を飾る白い牡丹の花を眺めた。これは憎い演出である。フランスは六月の初め、花屋の店頭に牡丹が出回る。

パヴィヨン・ブランはシャトー・マルゴーで作られるからといって、赤ワインのマルゴーと決して同格ではない。でも、ボルドー産の白ワインの中で指折りのおいしさであろう。シャトー・マルゴーの畑の中の石灰質の土壌の場所で作られていて、葡萄の品種はソーヴィニオン・ブランである。

主菜はポイヤック名物の子羊のロティ。

ワインは赤のマルゴー。一九九九年産。大当たり年。ポンタリエ氏の好みの年だそうだ。牡丹とセードル（ヒマラヤスギ）の香りが溶け合ったマルゴー独自の優美な香り、柔らかな絹の舌触り、奥行きの深い豊満な風味が見事に調和し、優しく喉を通り抜ける。味わう場所といい、料理とワインの素晴らしさといい、食卓の雰囲気といい、まさに夢心地だった。一生に一度の機会だろうと思った。

夫がフランス・ワイン・アカデミーの会長であったおかげで、この日、私は幸運にも食卓でポンタリエ氏の隣席だった。氏は私に「ここはワインの精が棲んでいる場所なのですよ」と言ったけれど、私は面食らった。

フランス語で「le lieu de geni」と言ったのである。geni は普通才能があるとか、天才という意味で使われることが多い。何かにつけ genial と、若い人は言うが、素敵というほどの意味だ。で、私にはル・リユー・ド・ジェニの意味がわからなかった。パリに戻って来てから、辞書を引いた。良い（悪い）影響を与える人（物）、精、妖精などの意味があった。私は精を採用してみた。すると意味が納得できた。食卓ではポンタリエ氏に対する称賛の声が大きかった。

氏のたゆまぬ努力はシャトー・マルゴーの品質向上にめざましく表れているという。それに対して「ワインの精が棲んでいるおかげなのですよ」と、氏は謙遜したのではないか。ワインの聖地とも考えられる。

氏は大変に生真面目な様子の方だった。例のジェファーソン・ボトルの中にマルゴーの偽物もあったけれど、氏は初めから胡散臭さを感じ、ローデンストックがリコルク（コルク栓の取り換え）を申し込んできた時、断っている。ちなみに、ラフィットやイケムやラトゥールは承諾した。

私はもう一度ぜひお会いしたいと思っていた。が、二〇一六年に五九歳で急逝された。

クロ・ド・タール 2005

ブルゴーニュで何かの集まりがあった時、十人ほどでクロ・ド・タールの酒蔵を偶然に訪れたのはいつだったか。それはプログラムにはなくて、誰かが醸造長のシルヴァン・ピティオ氏を知っていて、ちょっと酒蔵をのぞかせていただくといったふうな訪問であり、わずかな時間であったように思う。私はこの日の酒蔵の鮮烈な香りの高さが忘れられない。ちょうど発酵の真っ最中であったのかもしれない。ブルゴーニュの酒蔵はどこでもとてもいい匂いがしているものだけれど、これほどの香りには出会ったことがない。果実や花やスパイスや樫（かし）の木の香りが溶け合った匂いに力強く抱きすくめられたかのようだった。

クロ・ド・タールは、ニュイの丘陵はモレ・サン・ドニ村の特級のワインであり、しょっちゅう飲めるワインではないが、そういう機会に恵まれると、いつもこの日の香りを思い出す。二〇一七年の六月、シャトー・クロ・ド・ヴジョでの恒例の「音楽とワイン」コンサートの後に続いた夕食会で、クロ・ド・タールの二〇〇五年がグラスに注がれた時、食卓の全員の目が輝いた。

まだ若い。でも充分に熟成していて、カシスや黒スグリや熟したサクランボなどの果実とスパイスと木の香りが調和した風味にあふれ、コクがあり、骨格が力強い。ひたすら素晴らしかった。

クロ・サンテューヌ 1989

「まあ石油みたいな味！　でも魅惑的。とてもエキゾティック」と、私は目を見開いてつぶやいた。初めてクロ・サンテューヌを飲んだ時の感想である。石油は飲み物ではないし、飲めたものではない。それなのに石油の味などと言うのは気が引けて、大きな声では言えなかった。

二〇一〇年の秋、ソムリエのフィリップ・ブーギニョン氏の田舎の家に招かれた。日曜日の昼の会食である。会席者六人に対して、フィリップは二四本のワインの栓を抜いた。すべての瓶をからっぽにしたわけではないが、どの瓶のワインも私たちは愛情をこめて味わった。

白だけでも、ドン・ペリニョン一九九〇年、シャブリはドメーヌ・ラヴノーの一級をミレジム違いで二種類、ジュラはドメーヌ・ジャン・マクルのシャトー・シャロン、ドメーヌ・プフネのアルボワ・ヴァン・ジョーヌ、ドメーヌ・ジャン・ルイ・シャーヴのエルミタージュ、シャトー・ラトゥール、クロ・ド・ヴジョ、クロ・ド・ラ・ロッシュ、アルザスはドメーヌ・ツィント・フンブレヒトのゲヴュルツトラミネール、ソーテルヌはイケム、そしてトリンバック社のリースリングの特級のクロ・サンテューヌ一九八九年など。

錚々たる顔触れである。どの一本も素晴らしい。この日、私はクロ・サンテューヌに惹かれた。まるで一目惚れした時のように、石油の味に魅入られてしまった。いや、石油の味などと言ってはいけない。フィリップに私の感想をいい、石油ではなくてもっといい表現はないものかしらと、そっと聞いてみた。彼はにやりとして「ミネラルの化石化した風味っていうみたいだよ」と小声で言った。どうもソムリエたちが使う言葉のようだ。ふーむと、私は大きくため息をついた。いずれにしてもミネラルの塊のような風味に、レモンや蜂蜜の風味がかすかに重なり、爽やかな辛口で、喉ごしが優しく、何とも表現しがたい魅力だ。

どこの産地のどのワインもミネラルを含んでいるが、全体的に私はアルザスのワインに強くそれを感じていた。なかでもリボヴィレにあるトリンバック社のワインにとりわけ感じる。トリンバック社は一四五ヘクタールもの葡萄畑を持つが、同社の秘蔵っ子的な特級のリースリングのクロ・サンテューヌはたったの一・六七ヘクタールの面積である。年間に生産される量はわずか八千本だから、手に入れるのは相当に難しいらしい。

ロマネ・サン・ヴィヴァン

大好きな赤ワインの一つ。私はロマネ・コンティの妹と思っているけれど、ロマネ・コンティの娘だと言う人もいる。ロマネ・コンティを飲む機会はめったにはないけれど、ロマネ・サン・ヴィヴァンは時々飲む機会に恵まれる。ロマネ・サン・ヴィヴァンはロマネ・コンティ社の独占ではなく、ほかにルイ・ラトゥール社やルロワ社のものもある。

私は古いもの、飲みごろのもの、飲みごろを過ぎたもの、若いものなど、ロマネ・コンティ社のワインの中ではロマネ・サン・ヴィヴァンを一番よく飲んでいると思う。

どのミレジムであれ、このワインに共通しているのは繊細さである。若いものは花や果実の新鮮な香りに満ち、気品があり、風味が奥ゆかしい。

でも、私が飲んだロマネ・サン・ヴィヴァンの中で、もう一度飲みたいと夢見るように思うのは、ルロワ社のマダム・ビーズが作ったロマネ・サン・ヴィヴァンである。一度だけ、樽に貯蔵されて一年のワインを、ガラスの細長いピペットで吸い取ってグラスに注がれたものを飲んだ。清らかな赤。透き通って凜としていた。そして清楚なかぐわしさ。年輪が古くてビロードのような花びらを持つ薔薇の蕾（つぼみ）がかすかに開いたときに感じる匂いだ。口にそっと含むと花と果実の風味が優しく口中に広がった。樽から味わうワインとはとても思えなかった。

それは髙島屋百貨店のPR誌の取材で、ヴォーヌ・ロマネ村にあるルロワ社（本社は別の場所にある）を訪ねた折のことであり、たぶん二〇〇〇年ごろの秋だった。

インタヴューにいただいた時間はわずかなものだった。それにしては訪問者の数は多かったかもしれない。PR誌関係の方たちは東京からいらしていた。ところが、利き酒の気配は微塵もなく、最後に「ワインを味わわせていただけませんでしょうか」と、お願いしてみたのは私だった。マダムは快く承諾して地下の貯蔵室に案内してくださったのである。ともあれ醸造家を訪問して利き酒がないなんて、あまりにも不思議すぎる。

マダムは今やブルゴーニュの伝説的な醸造家と言われ、ビオディナミ（化学薬品や化学肥料に頼らない自然な農法）のパイオニア的な存在として有名である。よく語られるのは、カモミール（キク科のカミツレ）のせんじ薬を葡萄の根に与えることだ。葡萄の木の症状によっていろいろなせんじ薬を使い分けるものらしい。今年、二〇一七年、八六歳になられるだろう。元気いっぱいだ。生まれて一五分後、マダムは特級の赤ワイン、ミュジニーを父親から唇に受けたという。これはマダムの自慢話だ。マダムの父親はその頃、ロマネ・コンティのオーナーの一人だった。もう一人は現在の代表オーベール・ド・ヴィレーヌ氏の父上である。

マダムの利き酒の強さ、名人ぶりは若いころからのことで、とりわけブルゴーニュで名声が高い。私はノブレ氏が感嘆していたのを知っている。

ルロワ社は、特級ではロマネ・サン・ヴィヴァンのほかに、コルトン・ルナールド、コルトン・シャルルマーニュ、リシュブール、クロ・ド・ヴジョ、ミュジニー、クロ・ド・ラ・ロッシュ、シャンベルタンなども生産しているが、マダムが一番可愛がっているのはロマネ・サン・ヴィヴァンだそうだ。

いずれにしても、特級はもちろん一級も並みのクラスも、ルロワ社のワインを手に入れるのは大変に難しい。量が少ないうえに、値段がとび抜けて高いのである。というのも、一ヘクタール当たりの生産量がよその三分の一なのである。一級であれば四〇〇〇本から四五〇〇本が普通なのに、マダムのところでは一五〇〇本だ。葡萄の実の選定が徹底しているらしい。

グラン・ゼ・エシェゾー1953

飲んだのは二〇一六年の春であり、その時このワインは六三歳だった。DRC(ロマネ・コンティ社）のワインである。

黒みがかった赤色で、滓（おり）が多量にあり、グラスの中はドロドロした感じであり、ジビエの濃厚な匂い、吸い込まれるような深い香り。八人の同席者が一瞬沈黙し、何とも言えない溜息をもらした。たまたまDRC代表のオーベール・ド・ヴィレーヌ氏が同席していらしたが、珍しく嬉しそうな笑顔をしていらした。謙遜家の氏にしてはとても珍しい。

バタール・モンラッシェ 2007

瓶詰めにされてから七年目。とても若い。もったいないなと思ったけれど、ある特別なおもてなしのために、開けた。バタール（非嫡出の雑種の意）と名が付いているけれど、DRCのモンラッシェのすべての長所を備え、私は「パッフェ（完璧）」と思わず声に出してしまった。ギリシャ彫刻の美青年のイメージだった。

ペトリュス 2004

ペトリュスは今までに三本ぐらいは飲んでいるのだけれど、いずれも運が悪くて、世評と大分違う印象を持たされた。

ところが、一二歳のこの若いひと瓶は真新しい革のバッグの匂い、つまり、軽やかなジビエの匂いがし、口当たりが絹の柔らかさで、均整のとれた優美な味わいであり、ポムロール的な豊満さを感じさせないところに驚いた。

ドメーヌ・シャルモワーズ
プルミエール・ヴァンダンジュ（一番摘み）赤／ロマランタン白

ある時、ひょいと、醸造家のアンリ・マリオネ氏が、

「真弓はガメ種のワインは飲まないんだって」と、私に問いかけた。

「まあね。あんまりね」と私。

「残念だなあ。うちのガメ種のワインは、よそ様とはひと味もふた味も違うのになあ」と、マリオネ氏はひょうひょうとした口調で言った。

こういう情報をマリオネ氏が、どこから手に入れたのか。察しはすぐについた。夫がマリオネ氏を挑発したに違いない。

なにしろ夫の胃袋はガルガンチュアのごとし。食の間口が広くて、食べ物や飲み物に対する好奇心が並はずれて強く、世界中どこの国に出かけようと、その国の料理と飲み物を、さもおいしそうにいただく。その芸当たるや、私は一度も夫の前で口にしたことはないけれども、ひそかに尊敬している。それに比べて私は食べ物やワインを、目と鼻で味わって気に入らなければ、なかなか口に入れようとはしない。そこを夫はからかい、皮肉るのである。つまりは文明度が低い、

と。私の偏見ぶりを夫がどのようにマリオネ氏に語ったか、おおよそは想像がつく。

ガメ種のワインと言えば、ボージョレが世界的に有名だ。でも、マリオネ氏は、ロワール川流域にあるブロワ城（フランス王家の城だった）から南に三〇キロぐらいのソワン村でガメ種の赤ワインを作り、そのワインのおいしさで名をあげた人である。そしてロワール地方の醸造家を代表する一人でもある。ガメ種のワインを飲まないなどという人がいれば、当然、彼は張り切るのだ。でも、とてもエレガントに。

私はマリオネ氏のワインのおいしさならもうとっくに知っている。ひとつは辛口の白ワインのロマランタン（葡萄の品種名）であり、非常にすっきりとした気品のある風味を持つ。大好きな白ワインのひとつだ。

それに、このワインの葡萄畑は一九世紀末にフランスの葡萄畑をほぼ全滅させたといわれる害虫のフィロキセラに堪えたという。私はこの畑を実際に見たけれども、葡萄の木の一本一本が百歳を超えた盆栽のような趣だった。マリオネ氏自慢のワインである。

ガメ種のワインに話をもどそう。

ある時、マリオネ氏はいろいろなワインを取り混ぜて一二本、送ってくださった。ガメ種のほかにカベルネ・フラン種、マルベック種などの赤ワイン、ロマランタン種を始めソーヴィニオン・ブラン種などの白ワイン。

まずはガメ種のワインから飲み始めた。目には濃い赤紫のサクランボ色のローブ。もぎたてのようにつやつやした輝きがある。鼻を打つのは葡萄の匂いと土の匂い。

「おや」「ほう」「おいしい」と言いつつ、ぐいぐいと飲み進み、アルコール度数に目をとめると、一二度の軽やかさ。葡萄の果実と土の風味が濃厚。でも、その調和が何ともいえずよい。土の風味といっても、土をなめたり味わってみたりしたことはないから、土の味のイメージを感じるということだけれど。

土の味といえば、フランスではベトラーブ（砂糖大根）の名があがる。砂糖大根は砂糖の原料だが、フランスでは蒸し煮にして冷やして、サラダにしても食べる。八百屋に行くと、すでに蒸し煮されて赤紫色になった砂糖大根が売られている。形は一見じゃがいものよう。それを買ってきて、さっと洗って水けをふきとり、皮をむく。これだけで手が赤紫色に染まる。次に、賽の目に切る。サラダボウルに酢、レモン汁、オリーヴ油、塩、胡椒、パセリのみじん切りでヴィネグレットソースを作り、さらに辛子をたっぷり加えたソースを用意し、賽の目に切った砂糖大根を入れ、よく混ぜ合わせる。家庭のお惣菜の一つだ。

これを初めてパリで食べた時の驚きは忘れられない。土の味がする。歯ごたえはどこか頼りなく、「これは、なんじゃ？」という感想だった。それが今では大好きなサラダの一つになっていて、私はすっかり土の味になじんでしまっている。

でもマリオネ氏のワインのそれは葡萄の果実の風味が勝り、調和のとれた組み合わせだからずっと洗練された風味だ。舌に快い。そして、ミネラルがとびきり豊富である。

マリオネ氏はいくつもの醸造タンクを持ち、それぞれに独自の工夫をこらす。で、同じ葡萄畑の同じガメ種の葡萄から作るにしても、風味の違う四種類のワインが出来上がる。

いずれもおいしいが、二酸化硫黄を使用しない自然醸造のプルミエール・ヴァンダンジュ（一番摘み）の赤と、スペシャル・キュヴェの「ルネッサンス」を、とりわけひいきにしている。というより、今では私の滋養強壮剤であり、大事なセレモニーのある前日や旅行に出かける前日に飲むワインと決めている。値段も手ごろで、ボージョレと変わらない。
テーブルワインともいうべきキュヴェ・グルマンであれば白も赤もパリのおしゃれなスーパーマーケットの「モノプリ」でも手に入る。

中央葡萄酒 シャルドネ

残念なことに、年産の記録がない。でも飲んだのが一九九九年の秋だから、ミレジムは一九九七年とか一九九六年ぐらいかなと思う。ともあれ日本産ワインの中で、初めて「これはおいしい」と思ったワインである。このワインを下さった編集者のMさんへのお礼の手紙です。

M・T様
実に実に見事なシャルドネでした。
こんなに素晴らしいワインが日本で作られているのかと、胸がじいーんとしました。そしてMさんの味覚にシャポーです。かくもおいしいワインを、私に味わう機会をくださいまして、本当にありがとうございました。とても嬉しく存じます。

栓を抜いたのは一〇月五日でした。夕食の折です。開けた瞬間は全く香りというものがなくて、おやおやと思いました。冷蔵庫で冷たくなりすぎたせいだったのでしょう。グラスについで、五分ぐらい待ちました。

それから、もう一度匂いをかぎますと、ほのかに蜂蜜の香りがしました。それでひと安心。それからは、用意した食事はそっちのけで、ワインだけをゆっくりと大事に味わいました。初めは内気でおずおずとしていたのですが、だんだん、シャルドネ種の上等の白ワインだけが持つ典雅さを立派に見せてくれました。

味わいの品のよさ、苦み、酸味、蜂蜜の風味、グレープフルーツの風味などの調和の見事さは、ピュリニー・モンラッシェの一級にも値すると思いました。飲み終わってから一時間ぐらいたった後で、グラスに残っている蜂蜜の香りをもう一度楽しみました。

主人も私もひたすら驚き、感激した一夕でした。葡萄汁はどこの国から手に入れたのかななどと主人は失礼なことを言ったのですが、純国産と聞いて、もう目を丸くしていました。

次回には、このワインについてのお話を伺いたいと存じます。

私の村では、今日、葡萄摘みを終えました。黄金丘陵の葡萄畑は、もう色づき始めています。

もう一度、心からお礼を申し上げます。

戸塚真弓

一九九九年一〇月七日

ムルソー・シャルム2002

二〇一一年の一一月二一日、ムルソー村のラ・ポーレに招かれた折に飲んだワインのうちの一本である。ムルソー村のラ・ポーレといえば、クロ・ド・ヴジョの利き酒の騎士の会と並んで世界的に知られている。クロ・ド・ヴジョがタキシードにロングドレスの大晩餐会なら、ムルソーのラ・ポーレはブルゴーニュの醸造家たちの収穫祭ともいえ、彼らは自分の作ったワインを抱えて入場する。もちろん、その夜の献立に合わせてワインが用意されるが、飲むほどに、酔うほどに、それぞれが自分のワインを取り出して注いで回り、「さあ、さあ、まあ一杯」となる。手帳に二九本目まではワインの名と産年を記していたが、次から次へと、右からも左からも「まあ一杯」が来る。面倒になって手帳はたたんだ。白あり、赤あり。並みもあれば、一級もある。特級もある。この夜、百種類以上のワインを口にふくんだ。味わうワインもあれば吐き出してしまうワインもあり、いろいろだった。

「ムルソー・シャルム二〇〇二　コント・ラフォン　完璧な味わい」の一行が手帳の中にあった。

ああいう飲み会の中でも、きらりとコント・ラフォンは光ったのだ。

シャトー・フィジャック 1964

ボルドーはサンテミリオン地区にある数多くの特級は、案外と味が似通っている。そのなかで、はっきりと味わいの趣が違うのはフィジャックだ。他が普通の美男美女ならば、フィジャックは個性的な大人の女性の優美さと、身のこなしが端正な男性の渋さと辛みがある。そんな魅力がある。

ロバート・パーカー旋風がボルドーに吹きまくり、パーカー好みの味に変えるシャトーが続出する中で、当時の所有者のティエリー・マノンクール氏は、大きな声で「私はあなたのためにワインを作っているのではない」と言い放ち、パーカーの言うことに耳を貸さなかった。

一九七七年の秋、「フランスのワインと料理」という雑誌が企画したボルドー旅行に参加した折、シャトー・フィジャックで昼食というチャンスに恵まれた。一九六四年産を飲んだのはその時であり、以来、フィジャックのファンである。

リースリング・ランゲン・ド・タン・クロ・サン・テュルバン・グランクリュ 1982

とりわけ結婚して数年間というもの、アルザスのワインには本当にお世話になりよく飲んだ。

なにしろ値段が手ごろで安いうえにおいしい。しかもいろいろな種類の味が楽しめる。味の幅も値段の幅も広い。アルザス産なら、その時その時の予算に見合うワインが、必ず見つかった。これは今でも変わらないだろう。

そこそこの値段のそこそこのアルザスワインを飲んでいたけれど、ヒューゲル社のきりっとした辛口のリースリングや、繊細な柑橘類の果物の風味が魅力のダイス社のワイン（ダイスのワインは葡萄の品種が三〇も四〇も混植、ブレンドされているので、葡萄の品種名のワインはない）に出会ったときは嬉しかった。

そして後に、ウンブレヒトの辛口のリースリングを知ったときは身が引き締まるように感じたものだ。力強くて繊細な味わい、葡萄の深い香り、ミネラルの風味、喉ごしの切れのよさ、それまでに飲んだことのないスタイルのリースリングだった。今まで近所の丘に登って喜んでいたのが、ある時、モンブランの頂上に立って目を覚ましたかのような喜びがあった。

そしてこの長い名前のリースリングの葡萄畑のある場所が、また何ともいえない。美しい景色が眼前にあるが葡萄畑は狭くて細長く偉い急斜面なのだ。私は葡萄摘みの苦労に思いを馳せずにはいられなかった。

コンドリュー 2005

ローヌの谷のワインというと、白も赤もコクがあって力強い。その中で、ひそやかに咲く谷間の野生の白百合のように清らかで繊細な風味を持つのが、コンドリューである。長い間、私にとっては幻の銘酒であった。やっと、これだと思う一本に出会えたのは、ドメーヌ・ジョルジュ・ヴェルネ醸造の二〇〇五年産を飲んだ時だった。

澄んだ淡い黄金色、みずみずしい香り、きめ細やかな清冽な味わい、清爽な喉ごし。これがコンドリューなのかと、出会いの嬉しさもひとしおだった。

このワインの葡萄の品種はヴィオニエである。

シャトー・ヌフ・デュ・パプの白2005

ローヌの谷の白ワインといえば、小高い丘の上にあるシャトー・ヌフ・デュ・パプの廃墟の近くのレストランで、遠くに白く光って流れるローヌ川を眺めながら、アペリティフにシャトー・ヌフ・デュ・パプの白ワインを飲んでおいしさに目をむいた思い出がある。すっきりとした辛口で、ごくりと喉が鳴るかのようにおいしかった。やはり当たり年の二〇〇五年産でドメーヌ・ド・ボールナールの醸造だった。

私はポール・ボキューズの料理が好きだけど、とりわけスープVGEが好きだ。トリュフが格別の好物ではないけれど、このスープは野菜とともにトリュフがふんだんに入っていて、その香りがおいしさを盛り上げている。VGEというのは、元大統領のヴァレリー・ジスカール・デスタンのイニシャルであり、ポール・ボキューズが料理人としては初めてレジオン・ドヌール勲章をエリゼ宮でジスカール・デスタン大統領から授かった時、記念に創造した料理である。その日、エリゼ宮では大晩餐会があって、スープVGEがメニューの中にあり、このスープに合わせて出されたワインはシャトー・ヌフ・デュ・パプの白であったという。このことを、後年、ジスカール・デスタン氏がフィガロ紙に語った。ちょうど私は、リヨンのボキューズの店でスープVGEを食べたばかりの頃で、実に残念な思いをした。今度ボキューズの店に行ったらこのスープとシャトー・ヌフの白を飲みたいと思いつつ、もう五年が過ぎてしまった。まだ、実現していない。

コート・ロティ・ブリュヌ・エ・ブロンド1983

味わったのは二〇〇八年の秋。ワインは二五歳だった。深紅色。思わず吸い込まれるような深い香りと、優美な味わい。香りも味も甘美の一言に尽きる。花だの果物だのの名は一つも浮かばない。あらゆる甘美なものが見事にバランス良く溶け合っている。そんな感じだ。醸造はドメーヌ・ギガル。ローヌの北部でもっとも有名なドメーヌである。

このコート・ロティも私には幻の銘酒だった。今までに、コンドリューもコート・ロティも何回かは飲んでいる。だが、リヨンの美食家たちを喜ばせるというこの二つのワインに私は感動したことがなかった。心の中で「やっぱりブルゴーニュのほうが上だな」と秘かに思っていた。きっと、これまでに飲んだものはたまたま評判倒れだったのだ。そう思うより仕方がない。リヨンはパリと同じく美食の都として名高い。しかもリヨンはローマの鏡とうたわれたほどで、パリよりずっと早くローマ文化の洗礼を受けていた。

リヨンの目と鼻の先にヴィエンヌという小さな町があるけれど、ここもローマ人の町としてにぎわった。コンドリューやコート・ロティの産地にも近い。この町に「ラ・ピラミッド」という有名なレストランがあり、リヨンと言わずフランスじゅうの美食家がこの店に駆けつけ、とびきりおいしいコンドリューとコート・ロティを飲んでいた。それはボキューズやトロワグロやアラン・シャペルの師匠だったフェルナン・ポワンがオーナーシェフだったからである。

エシェゾー 1971

ブルゴーニュはニュイの丘陵の特級であり、その葡萄畑はヴォーヌ村とクロ・ド・ヴジョのシャトーの間にある。醸造はドメーヌ・ルロワ。ルロワといえばマダム・ビーズという完璧主義者の醸造家の手で作られたもの。マダム・ビーズは一九七一年当時は、まだロマネ・コンティを管理していた。今は株主の一人である。

エシェゾーは、たとえようもない香りとおいしさであり、ひたすらうっとりさせられた。年を経たワインを飲むと葡萄の品種を超えた大きなおいしさがあるものだが、コート・ロティにはないブルゴーニュらしい気品がわずかながらエシェゾーに感じられた。

このワインと味わった料理がまた忘れがたい。仔牛の肉のタイム風味。付け合わせは秋の味覚を代表するセップ茸とじゃがいものソテー。仔牛の肉は淡白で地味豊か。つきたての餅のような歯ごたえで、やわらかくていくらでも食べられそうにおいしい。この古いワインをこの上なく引きたてていた。

このワインはパリのアメリカ大使公邸の夕食会で振る舞われたものだが、スティプルトン大使がパリに赴任する折に、アメリカの自宅のカーヴからわざわざ運んできた貴重なワインであったという。

シャトー・ヌフ・デュ・パプ 1961（シャトー・ガブリエール醸造）

一九六一年というのは例外的な当たり年であり、当たり年の中でもとりわけ有名である。飲んだのはこの瓶が四七歳の時だから、もう十年ぐらい前のこと。このくらい古いと茶褐色であることが多いものだが、宝石のような深いガーネット色。非の打ちどころのない豊満な香りと味に圧倒されて、食卓は一瞬しいーんとした。

クリュッグ　クロ・デュ・メニル 1982

シャンパーニュを買うお金がなかったころ、シャンパーニュはどうもね、なんて否定的なことを言っていたが、私はクリュッグを飲んでシャンパーニュに目覚めた。今でもクリュッグは文句なしに好きだし、ボランジェも同じくらい好き。芳醇なところがとりわけ好きだ。他にもヴーヴ・クリコであればラ・グランダム、ポル・ロジェであればキュヴェ・サー・ウィンストン・チャーチル。つまりはクラシックなスタイルのシャンパーニュが好きである。

でも私にとって最高のシャンパーニュは、クリュッグのクロ・デュ・メニルである。シャンパンの会社はどこでも、自社の葡萄畑も少しは持っているが、たいていはあちこちの葡萄栽培者から買った葡萄の粒からシャンパーニュを作っているものだ。ところが、このクロ・デュ・メニルの葡萄畑はわずか二ヘクタールにも満たない面積であり、この畑でとれる葡萄（シャルドネ種一〇〇パーセント）だけ、それも一番しぼりだけで作られるシャンパーニュであり、クリュッグ社の最高級のシャンパーニュであり、秘蔵の製品だろう。シャンパーニュのロマネ・コンティという人もいる。

このクロ・デュ・メニル一九八二年を飲んだのは、一九九一年一〇月二一日のこと。パリのホテル・リッツで、名ソムリエのジョルジュ・ルプレ氏の指揮による「クリュッグ晩餐会」が主催された時だった。料理とともに味わったのは、クリュッグ・グラン・キュヴェ、クリュッグ・ヴィンテージ一九八二年、クリュッグ・クロ・デュ・メニル一九八二年、一九八三年、クリュッグ・コレクション一九六九年、クリュッグ・ヴィンテージ一九七六年、クリュッグ・ロゼという豪勢なもので、忘れ難い。

あとがき

じつをいうと、日本酒が好きである。

私の父は日本酒一本槍、辛口党。酒豪だった。晩酌を欠かさず、飲むほどに機嫌がよくなり、饒舌になった。娘のころ、時折、私は晩酌の相手をした。酒の肴は、毎日、必ずマグロの刺身（カツオの季節にはカツオの刺身）。他には筋子、粒海栗、カツオやイカの塩辛、金山寺味噌、浜納豆、冷ややっこ、湯豆腐、里芋の煮ころがしなど。思い出の味である。母の話によると、若いころは一升飲んでも酔っぱらうことはなかったという。

日本酒が好きなのは父ゆずりであり、女のくせに飲めるのもやはり父ゆずりである。

ワインをすっと好きになれたのも、ほどよくのめりこんだのも、日本酒になじんでいたおかげだと今になって思う。原料が米と葡萄の違いこそあれ、それぞれの土地の気候や地味の影響を受けて、それぞれに異なる風味を持つ日本酒とワインは楽しい。

日本酒では、お酒が玉になってころころと喉を転がっていくようなうまい味というけれど、白ワインでは清流が陽の光を浴びてキラキラと流れているような清爽な味といわれることが多い。どちらも、おいしさのイメージは同じなのではないか。澄んだ色、品のよい香り、ふくよかな舌触り、玉のような味、得も言われぬ酔い心地は、上等な日本酒にもワインにも言えることだと思う。

初めて飲んだワインは、一升瓶に入っていた。五十年近くも昔のことだが、忘れ難い。一升瓶が目に焼き付いている。

それは「佐渡屋」の白ワインだった。きりっと引き締まった辛口であり、小気味よく感じる酸味があり、爽快だった。私はこの酸味に惹かれた。

飲んだのは、東大の赤門のはす向かいあたりにあった「郷」という地味で簡素なスナックバーであった。近くに住んでいたせいもあり、佐渡屋の白ワインを目当てに、時々、足を向け、一杯飲むとさっとひきあげた。

ワインはグラスではなくて、コップに注がれたように思う。なんとなく、そんな気がする。そのコップはウィスキー用ではなかったかと。その頃はウィスキーが大変な勢いで流行っていた。グラスというと、それはブランディ用のものだった。

当時、私は二十代の終わりごろで、銀座にある小さな広告制作会社でコピーライターをしていた。仕事の後、仲間や先輩とバーでウィスキーをよく飲んだものだ。といって別にウィスキーが好きだったわけではない。ウィスキーのうまみの中に潜む甘さになじめなかったのだろう。今ではまったく飲まない。

佐渡屋のワインを飲んでから二年ほど後、パリに出かけた。初めての海外旅行であり、一人旅であった。ＴＥＥ（ヨーロッパ特急列車）の乗り放題パスを使って、パリを起点にヨーロッパを縦横に旅行した。パリの街はひたすら歩いた。夕方、歩き疲れると、カフェの椅子に腰を下ろし、チョコレートや紅茶を飲んだ。でも、どうも口に合わない。とりわけ紅茶のまずさはお話にならない。フランス人は炭酸水とか、ジュースとか、ビールとか、赤や白のグラスワインを飲んでいる。ある時、フランス人のまねをして、赤ワインを注文した。

これがおいしかった。カフェのグラスワインがおいしいはずもないのに。とにかく初めて飲むフランスの赤ワインである。私にとっては新鮮な味わいであり、心地よく感じた。これが、赤ワインという飲み物に心をとめた初めだった。

そのころ、コピーライターという職業はなぜかもてはやされていたけれど、そして広告文を書いた原稿料は驚くほど実入りがよかったけれど、私に適しているとは思えなかった。できれば、ふつうの文章を書くライターに変わりたいと思っていた。でも、何も専門を持っていない。常々、何かしら得意とするものがいるだろうなと漠然と思っていた。

その何かを、パリのカフェで赤ワインを飲みつつ見つけた。「ワイン」だった。ウィスキーの後はワインが流行るだろうなとふっと思った。こういうのはいかにもコピーライター的なひらめきですが。

帰国するや、お茶の水にあるアテネ・フランセに飛んでいき、早速、フランス語の初級講座のクラスに入った。毎日二時間の速習講座で、六ヶ月間。先生はフランス人のムッシュ・ペレ。スパルタ式の授業で、恐ろしく怖い先生だった。ペレ先生は話せるフランス語がモットーで、そのためにご自身が大変にエネルギッシュで、熱心だった。他の先生の三倍以上の密度の濃い授業をされた。私などいまだにペレ先生の中級講座を受けなかったことを後悔している。パリのアリアーンス・フランセーズやソルボンヌ大学の語学講座にも通ったけれど、ペレ先生が一番素晴らしかった。

私はワインの勉強を目的に、また、渡仏した。知人の紹介で、ソペクサの広報を担当するマダム・ペリーに会った。第二次世界大戦の折、レジスタンス運動の闘士だったという。楚々とした美人なのに、活発で、ミニクーペを乗り回し、大変に顔の広い方だった。初めてのボルドーワイン旅行もブルゴーニュの利き酒の騎士の会への出席も、マダム・ペリーのおかげだった。また、ブルゴーニュワインの醸造家協会が主催するワインセミナーがあることを知り、参加してみると、初心者ばかりか他のワイン産地の醸造家やプロのソムリエやレストランの経営者もいた。

いきなり、こういう催し物に参加できたのは幸運だった。教室や本での学習ではなく、旅行中やセミナー中、昼食や夕食をともにしつつ、普段着のままの彼らの自然なワインの楽しみ方、味わい方を、直接、自分の目で見て、肌で感じて、体得することができたからである。

ドメーヌ・ロマネ・コンティのすがすがしい酒蔵や、圧倒されるように立派なマルゴーの酒蔵や、超モダンなシュヴァル・ブランの酒蔵などでの利き酒をはじめ、五十種類も百種類ものワインを一時に味わう利き酒の会にも参加した。ワイン関係のシンポジウムにも出席。たったの四年間だが、ブルゴーニュでワイン作りを体験した。ワインと料理の組み合わせが考え抜かれた晩餐会や、友人たちの夕食会などを楽しむ機会が多く、私は大変に恵まれている。これが一番楽しくて、得るところが多い。単なるワインだけの利き酒より、料理とともにワインを味わい、そのワインが発揮する魅力を味わうのが好きだ。それでいて、気に入った味のワインに出会うと料理はそっちのけでワインの味を楽しむ。ゆったりとゆっくりと、一つのワインを飲むのが好きである。苦手なのは、今流行りなのか何種類もの料理にワインをあれこれと用意し、ちょびちょびと食べめまぐるしく飲むことで、どちらも味の印象が薄くなる。後で、何を食べ、何を飲んだのか思い出せなくてがっかりすることが多い。

それからまた私はワインを飲む相手に恵まれた。

夫のジャン・ロベール・ピットである。彼は地理学者であり、食文化を専門とし、ワインや食文化についての著作がたくさんある。フランス料理をユネスコの無形文化財にすることを提唱し（二〇一〇年に認定された）、その推進委員会の会長を務めた。

その延長で、パリの胃袋ともいえるランジス中央市場のあるランジス市、ロワール川地方の首邑のトゥール市、フランスの食の都として古代ローマの時代から名高いリヨン市、ワインの名産地ブルゴーニュ地方の首邑（しゅゆう）ディジョン市に、シテ・ド・ガストロノミー（食の大文化センター）の建設計画を、現在、推進中である。

とにかくワインが大好きで、ラブレー作の「ガルガンチュア」のように、「飲みたーい。飲みたーい」と言いつつ生まれてきたのではないかと、私は疑っている。

結婚して四十年になるけれど、毎日、昼も夜も、私たちはワインを飲む。そしてかんかんがくがく。

ある時、食卓で、娘が頬をぷっとふくらませて言った。

「パパもマモンも口を開けば、ワインと食べることばっかり。何かほかに話すことはないの」と。

私たちは思わず顔を見合わせたけれど、ぐうの音も出なかった。

はっと気がつけば、ワインとのお付き合いは、もうじき五十年になる。これからも、まだまだ、よろしくお願いいたします。

このたび、ぼちぼちと書いた原稿が一冊の本になるまでに、中央公論新社の編集者、横田朋音さんに大変にお世話になりました。心から感謝し、深くお礼を申し上げます。ありがとうございました。

二〇一七年九月三日

戸塚真弓

本書は書き下ろしです。

装幀　中央公論新社デザイン室

戸塚真弓

1961年、跡見学園短期大学卒業。78年よりパリ在住。カルチェ・ラタンでの暮らしは二十余年を数える。フランスワインと料理を愛好するエッセイストとして活躍。著書に『パリからのおいしい話』『ロマネ・コンティの里から』『暮らしのアート』『私のパリ、ふだん着のパリ』『パリからの紅茶の話』『じゃがいもびいき』（以上、中央公論新社）、『パリ住み方の記』（講談社）、『パリの街・レストラン散歩』（実業之日本社）などがある。

ワインに染まる
——パリから始まる美酒の旅

2017年10月25日　初版発行

著者　戸塚真弓
発行者　大橋善光
発行所　中央公論新社
〒100-8152　東京都千代田区大手町1-7-1
電話　販売 03-5299-1730　編集 03-5299-1920
URL http://www.chuko.co.jp/

DTP　ハンズ・ミケ
印刷　三晃印刷
製本　大口製本印刷

Published by CHUOKORON-SHINSHA, INC.
Printed in Japan　ISBN978-4-12-005014-5 C0095

戸塚真弓の本

ロマネ・コンティの里から
ぶどう酒の悦しみを求めて

〈人類最良の飲み物〉に魅せられた著者が、ぶどう酒を愛する人へ贈る、銘酒の村からの芳醇な十八話。（解説・辻邦生）

中公文庫

パリからのおいしい話

料理にまつわるエピソード、フランス人の食の知恵。パリ生活の豊かな体験を通してつづる、「暮らしの芸術」としての家庭料理の魅力。

中公文庫

パリからの紅茶の話

フランス人はどうしてお茶によそよそしいのだろう——歴史と文化の街に暮らすなかで、著者ならではの好奇心で重ねた心躍る紅茶体験。

中公文庫

じゃがいもびいき
美食の国のふだんの味、三つ星の味

食卓を支える定番料理、名シェフの一皿、クラシックな調理法、多彩な品種と歴史の話。愛すべき名脇役とのおいしい出会いの数々。

単行本

中央公論新社刊